Fuel Cell Projects for the Evil Genius

Mc Graw Hill Education

Fuel Cell Projects for the Evil Genius, 1st Edition.

1 2 3 4 5 6 7 8 9 10 HT 20 13

Original: Fuel Cell Projects for the Evil Genius, 1st Edition. © 2008
        By Gavin Harper
ISBN 978-0-07-149659-9

This book is exclusively distributed by Hantee Media.

When ordering this title, please use ISBN 978-89-6421-161-8   93560

Printed in Korea

과학영재를 위한
연료전지
프로젝트

Gavin D.J. Harper 지음

박진남, 최종호 옮김

Mc Graw Hill Education

한티미디어

박진남 경일대학교 신재생에너지학과

최종호 경일대학교 신재생에너지학과

과학영재를 위한
연료전지 프로젝트

Fuel Cell Projects for the Evil Genius, 1st Edition.

발행일 2013년 11월 29일 초판 1쇄

지은이 Gavin D.J. Harper | **옮긴이** 박진남, 최종호

펴낸이 김준호

펴낸곳 한티미디어 | **주소** 서울시 마포구 연남동 570-20

등 록 제15-571호 2006년 5월 15일

전 화 02)332-7993~4 | **팩스** 02)332-7995

ISBN 978-89-6421-161-8 93560

정 가 23,000원

마케팅 박재인 노재천 | **관리** 김지영

편 집 김윤경 박새롬 | **디자인** 내지 이경은 | **표지** 박새롬

인 쇄 우일프린테크

이 책에 대한 의견이나 잘못된 내용에 대한 수정정보는 한티미디어 홈페이지나 이메일로 알려 주십시오.

독자님의 의견을 충분히 반영하도록 늘 노력하겠습니다.

홈페이지 www.hanteemedia.co.kr | **이메일** hantee@empas.com

차례

머리말   ix

감사의 글   xi

옮긴이 머리말   xiii

CHAPTER 01   **수소와 연료전지의 역사**   1

CHAPTER 02   **수소 경제**   15

CHAPTER 03   **수소의 생산**   39

PROJECT 1   수소의 확인   43

PROJECT 2   산소의 확인   47

PROJECT 3   산–금속 반응의 조사   49

PROJECT 4   수소 생성 반응에 대한 금속의 반응성 비교   54

PROJECT 5   물의 전기분해   56

PROJECT 6   호프만 장치를 이용하여 물로부터 연료 만들기   59

CHAPTER 04   **수소의 저장**   63

PROJECT 7   탁상용 연료전지를 위한 수소저장 탱크   65

PROJECT 8   보일의 법칙과 수소의 압축 저장   66

PROJECT 9   샤를의 법칙   67

PROJECT 10   나만의 '탄소 나노튜브' 만들기   70

PROJECT 11   H-Gen을 이용한 수소 만들기   77

PROJECT 12   H-Gen에서의 반응속도의 조절   80

CHAPTER 05   백금을 이용한 연료전지   85

PROJECT 13   나만의 백금 연료전지 만들기   87

CHAPTER 06   알칼리 연료전지   95

PROJECT 14   알칼리 연료전지로 전기 만들기   99

PROJECT 15   알칼리 연료전지의 전류-전압 곡선 그리기   105

PROJECT 16   알칼리 연료전지의 전력 곡선 그리기   109

PROJECT 17   여러 가지 알칼리 전해질의 성능 비교   111

PROJECT 18   여러 가지 '수소 저장물질'의 성능 비교   113

PROJECT 19   알칼리 연료전지 성능에 대한 온도의 영향   115

PROJECT 20   알칼리 연료전지의 피독   117

PROJECT 21   알칼리 연료전지에서의 산소의 공급   119

PROJECT 22   환원극에서 여러 가지 기체를 사용할 경우의 비교   121

PROJECT 23   알칼리 연료전지에서의 반응속도(산소의 소모속도) 측정 123

CHAPTER 07   고분자전해질 연료전지   129

PROJECT 24   연료전지의 분해   141

PROJECT 25   MEA의 백금 담지량의 영향   146

PROJECT 26   산소 및 공기를 이용한 실험   147

PROJECT 27   나만의 미니 연료전지 만들기   149

FUEL CELL PROJECTS

CHAPTER 08   직접 메탄올 연료전지   155

          PROJECT 28   직접 메탄올 연료전지 작동하기   161
          PROJECT 29   직접 메탄올 연료전지의 운전정지 및 재시동   163
          PROJECT 30   밴드에이드를 이용한 연료전지 만들기   165

CHAPTER 09   미생물 연료전지   175

          PROJECT 31   나만의 미생물 연료전지 만들기   178

CHAPTER 10   고온형 연료전지   189

CHAPTER 11   직접 만드는 연료전지   199

          PROJECT 32   나만의 MEA 만들기   209

CHAPTER 12   수소 안전성   221

CHAPTER 13   연료전지 자동차   231

          PROJECT 33   간단한 연료전지 자동차 만들기   239
          PROJECT 34   지능형 연료전지 자동차 만들기   249
          PROJECT 35   수소화물로 구동되는 연료전지 자동차 만들기   252
          PROJECT 36   무선 조종 연료전지 자동차 만들기   254
          PROJECT 37   수소를 이용한 우주여행! 수소 로켓 만들기   265
          PROJECT 38   수소를 이용한 비행! 수소 연료전지 비행기 만들기   269
          PROJECT 39   무선 조종 비행기 만들기   272

CHAPTER **14** **수소를 이용한 재미있는 실험들** 273

PROJECT 40 수소를 이용한 라디오 전원 275
PROJECT 41 수소연료로 구동되는 아이팟 278
PROJECT 42 수소 버블 만들기 281
PROJECT 43 수소 풍선 폭발시키기 283
PROJECT 44 수소를 이용한 바베큐 285

CHAPTER **15** **연료전지 경진대회들** 287

APPENDIX **A** 수소에 대해 당신이 알고 싶은 모든 것 304
APPENDIX **B** 연료전지 약어 306
APPENDIX **C** 연료전지 협회들 307

맺는말 311

머리말

지구온난화, 석유자원의 고갈, 에너지의 자립은 이미 전세계의 저녁식탁에서의 대화 주제가 되고 있으며, 정치인들은 얼마나 빨리 신재생에너지로 전환해야 하는지, 중간단계는 어떻게 될지, 신기술의 개발을 위한 비용을 어떻게 조달할 지에 대해 논쟁하고 있다. 수소는 가장 풍부하면서도 효율적인 에너지 저장물질이다. 이러한 수소에너지를 효율적으로 전력으로 변환하는 것은 지금의 암울한 에너지 위기에서 우리가 달성해야 할 당면과제이다. 하지만 소수의 사람들만이 연료전지가 어떻게 실제적으로 작동하는지 이해하고 있다. 나는 '과학영재를 위한 연료전지 프로젝트'의 출간을 갈망해 왔으며, 이를 선생님들과 친구들 그리고 전 세계의 같은 생각을 가진 모든 사람들과 공유하기를 희망한다.

런던 지하철의 빅토리아역은 연료전지 실험의 출발점으로 좀 이상하게 보이지만, 내가 연료전지 장비를 양 팔에 가득 안고 얼굴에는 모험심으로 가득 차 있는 가빈 하퍼를 처음으로 만난 곳이다. Fuel Cell Store에서 내가 가빈에게 보낸 소형 연료전지에 대해 설명하기 위해 필요한 증류수를 찾아 다니는 동안 가빈은 친절하게 런던 시내를 안내해 주었다. 가빈은 에너지 위기에 대하여 무엇인가를 해야겠다는 강한 열정을 갖고 있었으며, 우리는 초창기인 연료전지 산업과 에너지 위기에 대한 대화를 나누고, 월리 넬슨에 대해서도 이야기했다. 나는 학급의 학생들과 취미가 그리고 식탁에 앉아 있을 보통 사람들을 위한 연료전지 실험에 관한 책을 쓰고자 하는 가빈의 강한 열망과 열정, 그리고 세상의 신비에 대한 가빈의 통찰력에 빠져들게 되었다. 가빈은 이 책을 쓰기에 가장 적합한 사람임이 분명하다고 생각하였기에, 나는 그가 더 많은 장비를 접하고 필요한 기술적인 지원을 받을 수 있도록 콜로라도의 볼더에 있는 우리의 작은 연구실에서 일할 수 있도록 초대하였다.

일단 연구실에 합류한 이후에, 가빈은 수소 연료전지를 작동하는 새로운 방법을 발견할 때마다 기쁨의 탄성을 터트리는 명랑한 기질로 우리들을 즐겁게 해 주었다. 어느 날 오후에 그가 일회용 밴드에이드로 메탄올 연료전지를 만들 수 있다고 확신하면서 밴드에이드를 달라고 했을 때, 우리 모두는 어느 정도 놀랐지만, 나와 동료들은 이 과학영재에게 밴드에이드와 함께 가벼운 윙크와 응원을 보내주었다. 바로 몇 분 뒤에 놀랍게도 그는 밴드에이드로 만든 메탄올 연료전지로 작동되는 작은 선풍기를 들고 나타났다. '과학영재를 위한 연료전지 프로젝트'는 이러한 번뜩이는 아이디어와 유머를 바탕으로 쓰여졌다. 가빈 하퍼의 상상력과 통찰력을 따라 당신 자신을 위한 수소 연료전지의 미래를 즐기고 만들어 보고 발견해 보기를 희망한다.

캐슬린 퀸 라르슨
설립자/마케팅 부서장
Fuel Cell Store

감사의 글

Fuel Cell Store사의 캐슬린 라르슨의 전폭적인 지원이 없었다면 이 책은 완성되지 못했을 것이다. 나는 젊은이들을 위한 연료전지 기술의 촉진을 위한 캐슬린의 끊임없는 헌신에 압도당했다. 당신은 많은 연료전지 학회에서 그녀를 볼 수 있을 것이며, 만약에 국제 연료전지 대회에 출품하게 된다면 바로 그녀를 만나게 될 것이다.

나는 Fuel Cell Store사의 지원과 격려에 대해 퀸 라르슨, 매트 플러드, 제이슨 버치 그리고 브렛 홀란드에게도 감사를 드리고자 한다. 그리고, 일주일간의 연료전지 실험에서 빠뜨릴 수 없는 또 한 명의 환상적인 동료는 H2라는 이름을 가진 고양이였다.

셰틀랜드섬의 PURE Energy Centre in Unst의 친구들에게도 많은 도움을 받았는데, 그들의 이름은 다니엘 아클릴 드할리움 박사, 로즈 게이지, 엘리자베스 존슨 그리고 로라 스튜어트이다. 이 센터는 영국의 연료전지 교육에 있어서 선도적인 역할을 하고 있다.

PURE를 방문하여 책에서만 보던 기술들이 실험 테이블 위에 실제로 구현된 것을 관찰한 것은 매우 좋은 경험이었다. PURE에서 제공하는 것과 같은 시연 프로젝트는 초기단계의 기술에 대한 흥미를 불러일으키고, 미래에 대한 이해를 도울 수 있다.

나는 또한 연료전지에 대한 믿음과 시간을 제공한 데 대해 알란 존스 훈사에게 감사를 드리고자 한다. 그 분은 우리의 에너지 기반에 급격한 변화를 가져오게 될 수소 연료전지 기술에 대한 나의 긍정적인 관점을 형성하는데 큰 도움을 주었다.

영국에서의 청정기술에 대한 연구와 학문적인 담론을 촉진하고, 그의 'Hydrogen and Renewable Integration' 프로젝트를 통해 재생 수소에 대한 관심을 불러 일으키는 데 큰 기여를 한 토니 마몬트에게도 감사를 드리고자 한다. Bryte Energy사의 HARI 프로젝트의 시스템 설계자인 루퍼트 가몬에게도 그의 통찰력을 나누어준 것에 감사를 드린다.

끝으로 뒤에서 묵묵히 도와준 훌륭한 동료들이 없었다면 이 책은 완성되지 못하였을 것이다. 나는 이 책을 저술할 기회를 제공해 주었고 언제나 격려해 주면서 나의 실수들을 너그럽게 참아 준 주디 배스에게도 깊은 감사를 드린다. 그리고 책의 문장과 그림들을 맡아주고, 그 내용을 독자들 앞에 책으로 내놓을 수 있게 하는데 큰 도움을 준 키워드의 전문가인 멋진 동료 앤디 백스터에게도 감사를 드린다.

옮긴이 머리말

이 책은 19세기 중반에 영국의 윌리엄 로버트 그로브 경에 의해 발명되어, 20세기 후반에 각광을 받기 시작한 수소를 연료로 이용하여 전기를 생산하는 연료전지와 관련된 다양한 프로젝트들에 대해 소개하고 있다. 이 책의 저자인 가빈 디제이 하퍼는 하이테크 기술의 전문가로서 20대 이전에 '과학영재를 위한 태양에너지 프로젝트'를 저술한 바 있으며, 이어서 연료전지 분야에 대하여 본 책을 저술하게 되었다. 이 책에 소개된 다양한 연료전지 프로젝트는 수소의 특성과 제조 방법 그리고 알칼리 연료전지, 고분자전해질 연료전지, 직접메탄올 연료전지, 미생물 연료전지, 고온형 연료전지 등 다양한 연료전지의 원리와 이를 응용한 실험에 대해 소개하고 있다.

원서의 제목은 'Fuel Cell Projects for the Evil Genius'로서 수소에너지와 연료전지에 대해 관심이 있는 사람들을 대상으로 손쉽게 읽고 실험해 볼 수 있도록 서술되어 있다. 본 책의 경우에는 필요한 부분을 선택적으로 읽을 수도 있겠으나, 가급적이면 처음부터 순차적으로 차근차근 보는 것이 전체를 이해하는 데 도움이 될 것이다. 따라서 간단하게라도 전체적인 내용을 먼저 숙지한 후, 관심이 있는 부분을 찾아가며 읽어보고 실험할 것을 권한다. 또한 다양한 참고자료를 제공하고 있으므로, 더 깊은 내용을 알고 싶은 독자는 참고자료를 찾아서 읽어보기를 권한다. 이 책 끝부분의 부록에는 여러 나라의 다양한 연료전지 관련 협회들을 소개하고 있다. 각각의 프로젝트와 관련된 다양한 물품은 주로 Fuel Cell Store사의 제품들인데 만약 해외주문이 곤란하다면 국내에서 유사한 물품을 구입하여 실험하도록 하여야 할 것이다. 연료전지의 실험에 있어서는 수소를 사용하므로 가능한 한 불꽃을 멀리 하거나 환기가 잘 되는 공간에서 실험하여 실험 중에 수소에 불이 붙지 않도록 주의하여야 할 것이다.

이 책의 번역에 있어, 수소에너지 및 연료전지에 대해 전혀 모르는 독자들이 이해하기 쉽도록 번역하고자 노력하였으나, 여전히 미진한 부분이 있을 것으로 생각된다. 이 부분에 대해서는 독자 여러분의 양해를 구하며, 또한 이 책을 통해 탄소사회를 대체하여 향후의 수소경제 사회의 근간이 될 수소에너지와 연료전지에 대한 독자 여러분의 관심과 이해가 깊어지기를 기대한다.

마지막으로 연료전지와 같은 신재생에너지에 대한 관심을 가지고, 이 책의 번역을 흔쾌히 수락해 주신 한티미디어 출판사와 이 책이 출간되기까지 많은 도움을 주신 분들께 감사를 드립니다.

역자 일동

CHAPTER 1

수소와
연료전지의 역사

수소 경제와 연료전지는 '시대에 앞선' 또는 '미래의 기술'로 인식되고 있다. 이러한 기술들은 최근에 개발된 기술처럼 보이지만, 실제로는 500년 이상의 역사를 가지고 있다.

연료전지의 역사는 연료전지 자체가 개발되기 조금 이전부터 시작된다. 1장에서 우리는 수소와 연료전지의 역사에 대해 살펴볼 것인데, 여기에는 이 책의 나머지 장에서 다루고자 하는 연료전지 프로젝트의 내용들이 포함되어 있다. 여러분이 이 책의 프로젝트들을 따라서 실험할 것이라면, 이 장에 설명되는 위대한 과학자들과 엔지니어들이 다져놓은 기초를 훑어보는 것이 도움이 될 것이다. 여러분이 훌륭한 연료전지 분야의 과학자가 되어서 수 년 이내에 당신의 이름이 이 책에 추가되기를 바란다!

💬 수소의 역사

수소는 라틴어로 'hydrogenium'이며, 이는 그리스어로 물을 뜻하는 'hydro'와 형성을 뜻하는 'genes'의 합성어이다.

최초로 기록된 수소의 생성 실험은 'Theophratus Bombastus von Hohenheim (1493~1591)'에 의해 행해졌다. 이 기다란 이름은 줄여서 파라셀수스(Paracelsus)로 많이 알려져 있다. Para는 보다 나음을 뜻하고 Celsus는 1세기에 살았던 아주 유명한 과학자인 Aulus Cornelius Celsus를 딴 것이다.

그는 금속과 산을 반응시켜 기체를 만들었는데, 우리도 3장에서 동일한 방법으로 수소를 생산해볼 것이다. 당시에 그는 무슨 기체를 만들었는지 알지 못했지만 그 기체가 가연성인 것은 알고 있었다.

세월이 흐른 후에, 로버트 보일(Robert Boyle, 1627~1691)은 철가루와 산을 반응시켜 파라셀수스의 실험을 재현하였다. 보일은 4장 수소 저장에서 배울 '기체의 법칙' 중의 하나인 '보일의 법칙'의 발견자인데, 그는 그의 발견을 1671년에 '불꽃과 공기간의 관계에 대한 새로운 실험'이라는 제목의 논문으로 출간하였다. 그는 그가 발견한

그림 1-1 파라셀수스-수소를 발견하였지만, 그가
무엇을 발견하였는지 정확히 알지는 못하였다.

그림 1-2 로버트 보일-수소를 재발견하였다.

기체를 '화성의 불붙는 용액'으로 불렀다.

수소를 하나의 물질로서 최초로 인지한 사람은 헨리 캐번디시(Henry Cavendish, 1731~1810)였다. 그는 1766년에 이 기체가 가연성이며, 연소할 때에 물을 생성한다는 것을 밝혔다. 그는 이것을 '불타는 공기'라고 불렀으며, 그의 발견을 '인공적인 공기에 대하여' 라는 제목의 논문으로 출간하였다. 그는 이러한 공로로 Royal Society's Copley Medal을 수여받았다.

캐번디시가 이룩한 업적 덕분에 수소는 다른 기체와 구별되게 되었다. 그는 수소의 밀도를 정밀하게 측정하였으며, 또한 반응에 사용한 금속과 산의 양의 변화에 따른 수소의 발생량을 연구하였다. 이러한 체계적인 연구 덕분에 캐번디시는 실질적인 수소의 최초 발견자로 인정받았다. 하지만 여전히 이 '가연성 기체'는 아직 이름을 가지지 못한 상태였다.

쟈크 샤를(Jacques Charles)은 수소를 실용적인 용도로 사용하는 방법을 연구하였는데, 이는 수송용 목적으로 수소를 최초로 사용한 예이다.

몽골피에(Montgolfier) 형제가 뜨거운 공기를 이용하여 열기구를 띄운 지 10년이 되

그림 1-3 헨리 캐번디시-수소가 독특한 하나의
물질임을 규명하였다.

그림 1-4 쟈크 알렉산더 시저 샤를.

는 1783년에 쟈크 샤를은 수소를 이용한 '라 샤를리에르(La Charlière)'라는 기구를
이용하여 550 미터 고도까지 상승하였다. 그는 또한 '샤를의 법칙'으로 알려진 수소
저장에 매우 중요한 기체의 법칙을 발견하였는데, 이는 일정한 압력하에서 기체의
부피는 그 온도에 비례한다는 사실이다.

그림 1-5 라 샤를리에르.

그림 1-6 앙투앙 로랑 드 라브와지에.

4

그림 1-7 수소연소 실험을 위한 라브와지에의 실험 장치.

앙투앙 라브와지에(Antoine Lavoisier)는 현대화학의 아버지로 불리는데, 그의 위대한 업적 중의 하나는 오래 전부터 내려오던 '필로지스톤 이론'을 부정한 것이다. 필로지스톤 이론은 고대 그리스 시대부터 믿어지던 4원소설을 확장한 것으로서 모든 가연성 물질은 필로지스톤이라는 원소를 가지고 있고, 이는 연소 시에 방출되게 된다는 것이다.

라브와지에는 또한 물이 수소와 산소로 구성되었다는 것을 발견하였으며, 공기의 구성성분을 밝히기 위해 오랫동안 연구하였다. 그는 산소의 존재 하에서 수소가 연소할 경우 물방울이 맺힌다는 것을 발견하였으며, 이는 조셉 프리스틀리(Joseph Priestley)의 관찰에 기반하였다. 라브와지에는 이 기체를 'Hydrogen(수소)'라고 명명하였는데, 이는 그리스어로 '물을 만든다'라는 뜻이다.

화학은 존 달톤에 의해 또 한번의 큰 도약을 하게 되었다. 그는 원자의 구조에 대한 이론을 제안하였으며, 상대적인 원자량으로 원소들을 배치한 최초의 원소 주기율표를 고안하였다. 이는 '화학철학의 새로운 체계'라는 이름으로 출판되었다. 현대화학에서 사용되는 원소기호가 사용되기 이전이었으므로 달톤은 원소를 표기하기 위해 그림 1-9a에 나타난 것과 같은 기호들을 고안하였다.

달톤은 수소를 나타내는 기호로 가운데 점이 찍힌 동그라미를 사용하였다(그림 1-9 b).

그림 1-8 존 달톤.

ELEMENTS

⊙	Hydrogen	7		Strontian	45
	Azote	5		Barytes	61
●	Carbon	51	Ⓘ	Iron	50
○	Oxygen	7	Ⓩ	Zinc	56
	Phosphorus	9	Ⓒ	Copper	56
	Sulphur	13	Ⓛ	Lead	90
	Magnesia	20	Ⓢ	Silver	190
	Lime	24		Gold	190
	Soda	28	Ⓟ	Platina	190
	Potash	41		Mercury	161

⊙

그림 1-9 (a) '화학철학의 새로운 체계(1808)'에 실린 존 달톤의 원소기호들.

(b) 달톤이 사용한 수소원자의 기호.

6

현대에는 수소의 원소기호 'H'에 아래첨자로 2가 찍힌 H_2를 사용하는데, 이는 자연 상태에서 수소가 원자 두 개로 구성된 이원자 분자로 존재하기 때문이다. 러시아의 과학자 드미트리 멘델레예프(Dmitri Mendeleev, 그림 1-10)는 '원소의 원자량과 원소의 성질과의 상관관계'라는 주제를 러시아 화학회에서 발표하였는데, 그는 원자량에 따라 원소들을 배열하였으며, 멘델레예프의 주기율표에서 수소는 H로 표기되었다.

지금까지 수소의 역사에 대해 알아보았는데, 이후에는 연료전지의 역사에 대해 알아보기로 하자.

💬 연료전지의 역사

최근 들어 과학자들과 엔지니어들의 활발한 활동에 힘입어 연료전지가 대중에게 친숙해지게 되었다. 많은 사람들이 연료전지는 최근의 신기술이라고 알고 있지만, 실제 역사는 1838년까지 거슬러 올라간다.

대중들에게 연료전지는 아주 현대적이고 최신의 기술로 인식되고 있지만, 그 역사를 살펴보면 윌리엄 로버트 그로브(William Robert Grove)경의 업적까지 거슬러 올라가게 된다(그림 1-11).

그림 1-10 드미트리 이바노비치 멘델레예프.

그림 1-11 윌리엄 로버트 그로브 경.

7

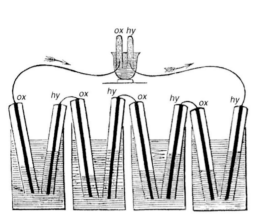

그림 1-12 그로브 기체 전지.　　　그림 1-13 크리스티안 프리드리히 쇤바인.

그로브 경은 연료전지의 아버지로 널리 알려져 있다. 그는 1811년에 웨일즈의 스완 시에서 태어났으며, 법률가이면서 과학에도 조예가 깊었다. 그는 1843년에 '그로브 기체 전지'로 알려진 도면을 출간하였다.

1896년의 Electrochemistry: History and Theory 학회지에서 빌헬름 오스트발트(Wilhelm Ostwald)는 그로브 기체 전지에 대해 '실용적인 중요성은 낮지만, 그 이론적인 해석은 상당히 중요하다'고 평가하고 있다.

스위스 과학자인 크리스티안 프리드리히 쇤바인(Christian Friedrich Schönbein)은 연료전지 작동의 숨은 원리를 발견하였다. 당시에는 '접촉' 이론과 '화학' 이론을 주장하는 두 가지의 학파가 있었는데, '접촉' 학파는 물질간의 물리적인 접촉이 전기를 생산한다고 주장한 반면, '화학' 학파는 화학적 반응에 의해 전기가 생산된다고 주장하였다. 과학계에서는 격렬한 논쟁의 주제가 되었는데, 그로브의 지지자인 쇤바인은 '화학' 이론을 주장하였다.

1959년에 이르러서 영국의 엔지니어인 프란시스 토마스 베이컨(Francis Thomas Bacon, 그림 1-14)에 의해 5 kW 규모의 연료전지가 만들어지기 이전까지는, 연료전지는 실험실에서의 흥미거리 수준 이상의 관심을 끌지 못하였다.

그림 1-14 프란시스 토마스 베이컨.

그림 1-15 해리 이흐리그가 제작한 연료전지 트랙터.

베이컨의 연료전지는 그로브의 초기설계와는 다른 기술을 적용하였다. 그는 수산화칼륨 용액에 니켈 전극을 사용하였으며, 이를 '베이컨 전지'라고 명명하였다. 이는 우리가 지금 알칼리 연료전지로 알고 있는 것인데, 6장에서 다뤄질 것이다.

최초의 연료전지 자동차는 앨리어스-차머스(Allias-Chalmers)를 위해 1959년에 해리 칼 이흐리그(Harry Karl Ihrig)가 제작한 15 kW짜리 연료전지 트랙터(그림 1-15)로서, 수산화칼륨 용액을 이용한 알칼리 연료전지를 사용하였으며, 20마력의 출력을 내었다.

제너럴 일렉트릭사는 1960년대 초반에 고분자전해질 연료전지를 개발하는 데 있어 큰 기여를 하였으며, 이는 미국의 우주개발 프로그램인 제미니 5호에도 적용되었다. 고분자전해질 연료전지는 테플론(가정용 테팔 프라이팬에 코팅된 물질)을 기반으로 한 고체전해질을 사용하였는데, 이 테플론은 황산기를 포함하고 있다.

이후에 아폴로 우주선, 아폴로-소유즈 우주선, 스카이랩, 우주왕복선에는 다시 알칼리 연료전지가 사용되었다.

이와 같이 연료전지의 초창기에 다양한 종류의 연료전지 기술이 개발된 이후에, 연료전지와 관련된 소재에 대한 이해도는 급격하게 향상되었다.

그림 1-16 제미니 5호에 사용된 고분자전해질 연료전지. NASA의 양해 하에 게재.

1960년대 초에는 어떻게 연료전지가 자동차에 출력을 제공할 수 있는지를 시연하기 위해 많은 자동차 회사 및 연료회사에서 연료전지 기술을 이용한 다양한 시제품들이 개발되었다. 하지만, 1960년대에는 값싼 원유가 풍부하게 공급되었으므로, 미래의 에너지원에 대한 관심은 저조하였으며, 연료전지의 에너지밀도 또한 시제품 차량의 수준을 넘어서 상업용 차량에 실제로 적용하기에는 충분하지 못하였다.

그림 1-17 아폴로 우주선에 사용된 알칼리 '베이컨 전지'. NASA의 양해 하에 게재.

1970년대 초에는 자동차 배기가스 및 자동차에 의한 환경 오염에 대한 우려로 인해 자동차용 연료전지에 대한 관심이 다시 높아지게 되었다.

특히 1970년대 초반의 석유파동(오일쇼크)은 에너지원을 석유에 과도하게 의존하는 것에 대한 국제적인 우려를 높이게 되었으며, 이로부터 새로운 대체에너지의 개발에 많은 관심이 기울여지게 되었다.

자동차 생산업체에 의한 1980년대의 지속적인 연구개발은 내연기관 엔진의 효율향상과 배출가스의 저감기술을 현저하게 향상시켰다. 대표적인 예로는 전자회로를 이용한 내연기관 엔진의 컨트롤 향상과 희박연소엔진을 이용한 유해 배기가스의 저감 등이 있었다. 그렇지만 이러한 향상은 점진적이었으며 차량에 관련된 원천기술의 획기적인 변화는 상대적으로 적었다.

발라드파워 시스템사는 1993년에 연료전지 버스를 전시하였는데, 이는 이전의 연료전지 기술로는 달성하기 어려웠던 높은 출력밀도를 요구하는 차량에 연료전지를 적용할 수 있을 정도의 기술적 향상을 통해 가능하였다. 이는 즉시 대중들의 지대한 관심을 불러일으켜 연료전지 기술에 있어 새로운 르네상스를 열었다. 최근 십 년 동안, 깨끗하고 친환경적인 기술에 대한 요구, 석유생산량의 한계, 에너지 안보, 기후변화 등에 대한 우려가 커지고 있으며, 연료전지는 이러한 에너지 딜레마의 주요한 해결책으로서 다시 한 번 주목을 받게 되었다.

2003년에 아이슬란드의 레이캬비크에 최초의 공공 수소충전소가 설치되었으며, 이는 CUTE 프로젝트의 일환으로 운용되는 3대의 수소 버스에 연료를 공급하고 있다.

연료전지의 에너지밀도 향상에 힘입어, 대형 차량뿐만 아니라 소형 차량에도 연료전지의 적용이 가능하게 되었다. 인텔리전트 에너지사는 2005년에 연료전지를 이용한 모터사이클을 전시하였는데, 이는 시속 80 km의 속도로 도심에서 160 km 주행이 가능하였다. 한 사람의 탑승자를 위해 수 톤의 무게를 가지는 차량을 운행하는 것은 연료의 효율 관점에서 매우 불합리하며, 우리는 현재의 에너지 문제에 대한 해답은 단순히 기술에서만이 아니라 사회적인 측면에서도 찾을 수 있음을 주지하여야 할 것이다. 작은 차량을 운전하는 것은 우리의 희망사항이라기보다는 우리가 필요로 하는 현실이다.

그렇다면 가까운 미래에 연료전지는 어떠할 것인가?

수 많은 연료전지 프로젝트가 완성을 향해 진행 중이고, 가까운 미래에 실용화 될 것으로 보인다. 우리는 최근 수 년간 개발된 다양한 연료전지 응용제품을 이미 보고 있으며, 이 제품들의 시연 프로젝트를 통해 경험과 정보를 얻고 있다. 차세대의 시연 제품들은 현재의 최신 기술들을 적용하여 더욱 향상된 기술을 선보일 것이다. 과학자들이 더 높은 출력, 더 긴 수명, 더 싸고 신뢰성 높은 연료전지를 위한 새로운 '소재 기술'을 실험실에서 계속 연구하는 동안, 우리 과학영재들은 연료전지를 이용한 새롭고 혁신적인 응용제품을 만들고자 하는 생각을 항상 품고 있어야 할 것이다. 우리는 연료전지 시장에 투자하는 것을 장려하며, 이는 연료전지 기술을 더욱 친숙하고 빠르게 향상시킬 것이다.

연료전지는 첨단 기술이며, 기술과 자금이 풍부한 대기업뿐만 아니라 대학생들에 의해서도 매주 새로운 응용제품이 개발되고 있다. Energy Quest 팀은 수소연료전지로 추진되는 트리톤(Triton)이라는 이름의 보트를 개발하여 가까운 미래에 선보이고자 하고 있다.

Howaldtswerke-Deutsche Werft AG(HDW)라는 독일회사는 고분자전해질 연료전지를 적용한 212급의 비핵잠수함을 개발하였는데, 이는 연료전지 기술을 채용한 덕에 수면에 부상하지 않고 수 주일 동안 잠수할 수 있다.

웹사이트

인터넷 상에서 저온형 연료전지와 고온형 연료전지(고온의 특성상 다루기가 까다로워 이 책에서는 다루지 않는다)에 관한 더 많은 정보를 입수할 수 있다. 연료전지의 역사에 대해 더 궁금한 점이 있거나 학교의 과제로 연료전지에 대한 더 많은 정보가 필요하다면 아래의 웹사이트를 방문해 보기를 추천한다.

■ 스미소니안 박물관의 연료전지의 역사: 이 책에 설명되지 않은 고온형 연료전지에 대한 상세한 설명을 찾을 수 있다.

americanhistory.si.edu/fuelcells/

■ 로스알라모스 국립연구소의 연료전지 개발 역사:

www.lanl.gov/orgs/mpa/mpa11/history.htm

CHAPTER

2

수소 경제

FUEL CELL PROJECTS

1장을 통해 수소의 역사에 대해 어느 정도 알게 되었으며, 연료전지가 어떻게 발전해 왔는지도 알게 되었을 것이다. 그런데, 우리는 왜 수소에 많은 관심을 가지게 되었을까? 수소의 특별한 점은 무엇일까? 실험을 시작하기 전에, 우리가 왜 이것을 해야 하고, 왜 과학영재 여러분에게 연료전지가 큰 흥미거리인지에 대해 명확히 할 필요가 있다. 우리는 수소의 물리적 성질을 알아볼 것이며, 왜 수소가 연료전지와 더불어서 지속 가능한 에너지 혁명을 가져오고, 미래에 에너지 수요를 충족시킬 수 있는 중요한 요소인지에 대해 생각해 볼 것이다.

💬 수소

주기율표를 보면 제일 위쪽에서 바로 수소를 발견하게 될 것이다. 수소는 주기율표상의 첫 번째 원소로서 모든 원소 중에서 가장 가볍다. 또한 수소 기체는 무색이며, 무미(화학물질의 맛을 보는 것은 절대로 권장하지 않는다!)이며 금속도 아니다. 주기율표를 다시 보면 수소가 왼쪽 위쪽의 리튬 바로 위에 있는 작은 박스 안에 들어있는 것을 볼 것이며, 아마 그림 2-1과 같이 되어 있을 것이다.

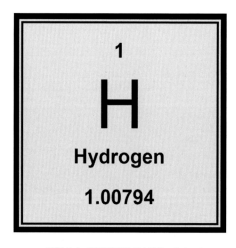

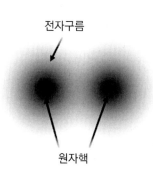

그림 2-1 주기율표에서 보이는 수소.

그림 2-2 이원자로 구성된 수소분자.

박스 안에서, 위에 있는 숫자 '1'은 수소의 원자번호를 나타내고, 그 아래에 있는 'H'
는 수소의 원소기호를 나타낸다. 맨 아래쪽에 있는 '1.00794'는 1몰의 수소원자의 무
게인 수소의 원자량을 나타내며, 이는 모든 원소들 중에서 가장 가벼운 원자량이다.

수소는 1개의 '양성자'와 1개의 '전자'로 구성되어 있으며, 두 개의 수소 원자가 결합
된 이원자 분자 형태의 수소분자(H_2)로 주로 존재한다. 이는 자연에서 발견되는 모
든 수소는 두 개의 수소 원자로 구성되어 있다는 것을 뜻한다.

그림 2-2를 보면, 두 개의 원자로 구성된 수소분자를 볼 수 있는데, 두 개의 검은 점
은 원자핵을 나타내고, 원자핵 주변을 구름처럼 감싸고 있는 어두운 색은 전자가
원자 내부의 어느 위치에서도 존재할 수 있음을 의미한다. 이는 불확정성의 원리에
의해 우리가 전자의 위치를 정확히 결정할 수 없기 때문이다. 하지만 우리는 원자핵
으로부터 일정한 거리에서 전자의 존재 확률을 계산할 수 있으며, 이 그림은 '확률
구름'의 검은색의 농도가 진할수록 전자가 존재할 확률이 높음을 뜻한다.

실온에서 수소는 기체이며, 자세히는 절대온도 20.28도의 끓는 점을 가지는데, 이는
섭씨 -252.87도, 화씨 -423.17도에 해당한다.

수소를 압축된 형태로 보관하는 데 있어서의 어려움 중 하나는 비록 그 무게는 가
볍지만 기체 상태의 수소가 매우 큰 부피를 차지한다는 것이다. 수소를 저장하는
여러 가지 방법에 대해서는 4장에서 다룰 예정이다.

기체 상태의 수소와 액체 상태의 수소에 대해 부피를 비교한 것을 그림 2-3에 나타
내었다. 수소는 액체가 기체로 변할 때 그 부피가 848배로 증가한다. 이는 수소를 1
부피의 액체 상태로 저장하면 848 부피의 기체로 이용할 수 있다는 것을 뜻한다.

수소는 우주에서 가장 풍부한 원소이지만 지구의 대기 중에서는 부피기준으로
0.55 ppm만이 존재한다. 지구상의 대부분의 수소는 호수, 강, 바다를 구성하는 물
로 존재한다. 물의 화학식은 H_2O이며, 한 분자당 두 개의 수소와 한 개의 산소로 구
성되어 있다.

연료전지는 수소 연료와 공기 중의 산소를 이용하여 물을 생성하며, 그 과정에서

에너지를 방출한다. 정확하게는 화학적 에너지가 방출되는데, 이 에너지는 어디에서 오는 것일까?

원소로서의 수소와 산소는 '높은 에너지 상태'를 가지며, 두 원소가 결합하여 물을 만들 경우에는 '낮은 에너지 상태'를 가진다. 따라서 연소나 연료전지와 같은 과정을 통해 두 원소가 결합하게 되면 그 에너지 상태가 높음에서 낮음으로 바뀌게 되고, 그 차이만큼의 에너지는 방출되어야만 한다(에너지 보존법칙에 따르면 에너지는 절대로 생성되거나 소멸되지 않으며 단지 그 형태만이 변한다). 방출되는 에너지는 만약 연소반응이라면 열로 방출되고, 연료전지를 이용한다면 전기에너지로 빙출된다. 이와 같은 에너지 상태 변화의 모식도는 그림 2-4에 나타내었다.

이제 어디에선가부터 수소를 구해야 하는데, 위와 동일한 방법으로 수소와 산소를 이용하여 물을 만들 수 있으며 동시에 물로부터 수소와 산소를 만들 수도 있다. 하지만 물로부터 수소와 산소를 만들 때는 전기분해 과정과 같이 수소와 산소의 결합을 끊기 위해 에너지를 주입하는 것이 필요하다.

전기분해는 수소를 만드는 방법 중 하나이며, 프로젝트 5에서 전기분해 실험을 하게 될 것이다.

수소는 청정연료로서의 가치가 높으며, 실제로 연료전지에서 가장 널리 사용되는

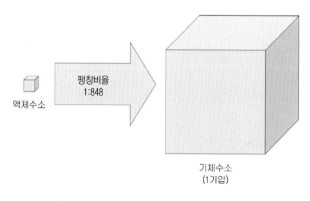

그림 2-3 수소의 팽창 비율.

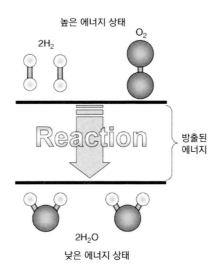

그림 2-4 수소와 산소의 반응에 의한 물의 생성과 그 과정에서의 에너지 방출.

연료이다. 그렇지만 수소는 석유처럼 채굴할 수 없으며, 이를 자연에서 원소 형태로 얻는 것은 매우 어렵다. 따라서 수소는 연료라기보다는 에너지를 저장하는 물질이라고 생각하는 것이 실질적으로는 더 적합한 표현일 것이다.

그렇다면 수소는 '청정에너지'의 저장물질인가? '더러운 에너지'의 저장물질인가?

수소를 얻기 위해서는 물의 분해과정에 에너지를 주입할 필요가 있으며, 수소를 연료로 사용할 경우에는 순수한 물만이 배출된다. 여기까지는 아무런 문제도 없지만 만약 수소를 생산할 때에 사용되는 에너지가 '더러운 에너지'라면 이는 문제가 될 수 있다.

💬 청정 수소

청정 수소를 만드는 방법은 매우 다양하다. 우리는 다양한 신재생에너지 기술을 이용하여 전기를 만들 수 있으며, 이 전기로 물을 전기분해하여 수소를 생산할 수 있

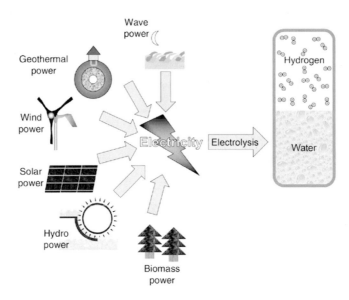

그림 2-5 청정한 신재생에너지를 이용한 수소의 생산.

다. 이는 그림 2-5에 나타내었다.

전기를 생산하기 위한 신재생에너지 기술에 대해 조금 더 알아보자.

💬 태양광 발전

우리는 태양전지를 이용하여 태양으로부터 전력을 얻을 수 있으며, 실제로 우리는 태양전지를 이용하여 생산한 전기를 전기분해조에 공급할 수 있다. 다르게는 태양전지 기능을 하는 물질을 물에 효율적으로 분산시켜 물을 바로 전기분해할 수도 있다. 어떤 과학자들은 태양에너지를 이용하여 수소를 직접 생산할 수 있는 미세조류에 대해 연구하고 있다. 모든 이러한 공정은 청정하고, 값싼 태양에너지(지구에서 $1,487 \times 10^8$ km 거리의 안전한 원자력 반응기)를 직접 활용하고 있다. 만약 당신이 수소 연료로 운행하는 우주선을 타고 광속으로 달리고 있다면, 태양까지는 8분 20초가 걸릴 것이다.

그림 2-6 태양광 발전을 위한 태양전지 판.

※ 주: 태양에너지에 대해 더 알고 싶다면, '과학영재를 위한 태양에너지 프로젝트(한티미디어)'를 참고하세요.

💬 풍력 발전

우리는 풍력 터빈을 이용하여 바람으로부터 전력을 얻을 수 있으며, 이 풍력 발전으로 얻어진 전력 또한 청정 수소의 생산을 위해 사용될 수 있다. 풍력 발전기의 날개는 공기의 이동에 의해 회전하게 되며, 날개의 회전에 따라 발전기가 돌아가게 된다. 날개와 발전기가 직접 연결되어 돌아가거나, 중간의 기어박스를 통해 발전기가 돌아가기도 한다. 일단 풍력발전으로 전기를 생산하게 되면, 이는 전력망을 통해 우리의 가정에 공급되게 되며, 이를 정류하면 전기분해에 사용할 수 있게 된다. 즉 바람이 불고, 전기 사용량이 적

그림 2-7 바람으로부터 전력을 생산하는 풍력발전기.

21

을 때(예를 들어 모두가 자는 한밤중)는 이 남는 전기를 수소생산에 사용할 수 있게 되는 것이다. 이와 같은 방법은 수소생산의 비용을 현저히 낮출 수 있으며, 특히 멀리 떨어진 섬이나 고립된 지역에서 전기를 저장할 필요가 있을 때는 수소의 형태로 전기에너지를 저장하는 것이 유용할 것이며, 또한 전력망에 연결되어 있지 않더라도 부하의 변동에 따른 전력 공급의 불안정성을 해결하는 데에도 유용하다.

💬 수력 발전

물의 순환은 크게 태양열에 의한 바다와 육지로부터의 물의 증발, 대기 중의 수분의 구름 형성, 지면으로의 강우로 이루어진다. 비가 육지의 산이나 언덕에 내리면 중력에 의해 낮은 쪽으로 흘러내리고 결국은 바다에 이르게 된다. 이 과정에서 강이나 개울이 생기게 되고 이러한 물을 높은 곳에 모아 두고, 터빈이나 수차를 통해 흐르게 하면, 터빈의 회전에너지를 이용하여 발전이 가능하다. 물이 높은 곳에서 낮은

그림 2-8 낙하하는 물로부터 에너지를 얻어 전력을 생산하는 것이 가능.

곳으로 낙하할 때, 중력에 의한 위치에너지만큼의 에너지를 방출하게 되며, 이것을 수력에너지로 얻게 된다. 이러한 수력발전 에너지 또한 물을 수소와 산소로 전기 분해하는데 사용이 가능하다.

💬 파력/조력 발전

파력과 조력 에너지는 완전히 다르지만, '바다로부터의 전력생산'이라는 측면에서는 동일하게 생각되고 있다. 조력은 지구를 회전하는 달의 중력에 의한 힘으로서, 달의 중력은 바닷물을 끌어당겨 지구상의 바다를 부풀게 한다. 이러한 조수는 주기적이 며 예측 가능하다. 선원이나 뱃사람들은 이러한 조수의 높고 낮음을 매우 정확히 알고 있으며, 우리는 해안에 설치한 장비를 이용하여 밀려오거나 밀려나가는 바닷물로부터 에너지를 회수할 수 있다. 파력은 파도의 표면에서의 위치에너지를 이용하는 것이다. 이는 파도타기를 하는 사람이 받는 에너지를 생각해 보면 이해가 될 것이다.

바다 위나 표면 근처에 떠 있는 장비는 파도를 빨아들여 파도의 에너지를 전기적

그림 2-9 파력 발전 장비.

23

에너지로 변환시킨다. 이 두 가지 경우 모두에서 발전한 전력을 해안가로 보내서 물을 수소와 산소로 전기 분해하는데 사용하는 것이 가능하다.

지열 발전

지열에너지는 지구의 내부에 존재하는 열로부터 얻어진 에너지이며, 일반적인 수증기 터빈을 가동하여 발전하는데 사용이 가능하다. 이 전기 또한 수소의 생산에 사용이 가능하다.

바이오매스

우리 주위의 나무, 풀, 경작되는 곡식과 같은 식물은 바이오매스 덩어리이다. 태양은 식물에서의 광합성을 통해 공기 중의 이산화탄소와 물 속의 수소와 산소를 이

그림 2-10 지열에너지에 의해 땅으로부터 분출되는 물.

그림 2-11 식물로부터의 바이오매스 에너지.

용하여 식물에 양분을 공급하고 식물이 성장할 수 있게 만드는 영양물질을 생산한다. 우리는 바이오매스를 수확하여 이를 바이오디젤과 바이오에탄올로 만들 수 있을 뿐만 아니라, 직접 수소로 전환시킬 수도 있다. 그림 2-11에 보이는 폐목재 조각을 가지고 화석연료로부터 수소를 얻는 것과 유사한 방식으로 가스화 및 개질반응을 시키면 바이오매스로부터 직접 수소를 생산하는 것이 가능하다. 이 과정에서 이산화탄소를 배출하지만, 이는 공기 중에서 식물이 흡수한 것을 재배출하는 것이므로 실질적으로는 이산화탄소를 새로 만드는 것은 아니다.

💬 더러운 수소

현재 대부분의 수소는 '더러운' 방법을 통해 생산되고 있다. 석탄, 석유 그리고 천연가스와 같은 화석연료는 수소로 개질이 가능하다. 하지만 화석연료는 다량의 탄소를 포함하고 있으며, 수소를 추출하면 이 탄소가 어디론가 가야만 한다. 결국 탄소는 개질반응 중간에 부산물인 이산화탄소로 배출되게 되는데, 이산화탄소는 온실가스로서 지구온난화와 기후변화와 같은 문제를 일으키는 주범이다.

채굴된 석탄, 석유 그리고 천연가스는 수증기 개질반응을 통해 수소로 전환이 가능하다. 수증기 개질반응은 화석연료와 수증기를 고압 고온에서 반응시켜 탄소를 이산화탄소로 제거하고 남는 수소를 회수하는 공정이며, 이와 같이 회수한 수소는 연료전지 차량의 연료로 사용하게 된다. 천연가스는 수소 대 탄소의 비율이 매우 높으며, 메탄(CH_4)의 경우에는 수소원자 대 탄소원자의 비율이 4이다. 석유를 보면 수소에 대한 탄소의 비율이 상대적으로 높다. 휘발유를 예로 들면 옥탄(C_8H_{18})의 경우에는 탄소 대 수소의 비율이 약 1:2인데 비해 메탄의 경우는 1:4이다. 석탄의 경우에는 더욱 암울한데, 석탄은 대부분이 탄소로 구성되어 있기 때문이다. 따라서 수소를 생산할 때 훨씬 많은 이산화탄소가 발생하게 된다.

우리는 일반적인 화력발전소에서 화석연료를 태워서 생산한 전기를 물의 전기분해에 이용할 수도 있다.

이러한 방식은 바람직하지 않지만, 전적으로 나쁘기만 한 것은 아니다. 위와 같은 방식으로 수소를 생산하는 것과 차량에서 직접 화석연료를 사용하여 사방에서 이산화탄소를 배출하는 것을 비교해보면, 화석연료를 수소 생산에 이용할 경우에는 모든 이산화탄소가 한 곳에서 발생하기 때문에 이를 분리 및 회수하기가 용이해진다. 일단 이산화탄소를 회수한 뒤에는 탄소 격리로 알려진 기술을 이용하여 이를 이산화탄소가 새어나올 수 없는 깊은 지하에 저장하는 것이 가능하다.

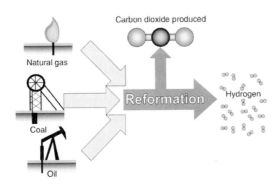

그림 2-12 더러운 화석연료로부터의 수소 생산 기술.

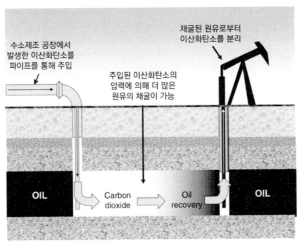

그림 2-13 이산화탄소를 유정에 주입하여 석유를 더 많이 생산할 수 있다.

그림 2-14 화석연료 발전소의 연소 생성물은 회수하여 격리가 가능하다.

석유와 에너지에 대한 지대한 관심은 이산화탄소 격리기술을 매우 매력적으로 만들었지만, 이는 환경 및 인류의 생존에 대한 고려보다는 석유와 이익에 대한 관심이 더 크게 관여되어 있다. 회수한 이산화탄소를 거의 채굴 수명이 다한 유정에 강제로 주입하면, 땅 속에 버려져 있을 잔존 석유를 이산화탄소로 밀어내어 추가로 석유를 더 생산하는 것이 가능하다.

💬 원자력 발전을 이용한 수소

어떤 사람들은 수소 경제가 원자력 발전소를 이용한 수소생산에 전적으로 달려있다고 주장하고 있다. 그림 2-15를 보면, 원자력 발전을 이용하여 전력을 생산하고, 이를 이용하여 물을 전기분해하여 수소를 생산하고 있다.

하지만 불행하게도 이 과정의 부산물은 매우 유독한 방사성 폐기물이며, 이를 안전

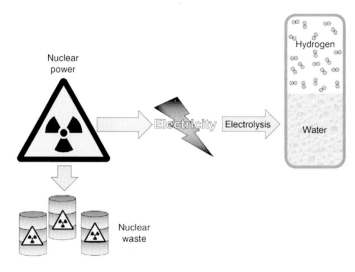

그림 2-15 원자력 발전을 이용한 수소 생산.

한 수준으로 분해하는 데 수 천 년이 걸린다. 게다가 우리는 이러한 방사성 폐기물의 처리에 대한 영구적인 해결책을 아직 찾지 못하고 있다.

원자력 발전이 전력을 생산하는 과정에서 이산화탄소를 배출하지 않기 때문에 사람들은 위와 같이 주장하지만, 원자력 발전소를 건설하기 위한 엄청난 양의 콘크리

그림 2-16 경관을 해치는 원자력 발전소.

트와 건설재료들을 고려하고, 원자력 발전소의 핵연료를 만들기 위한 채굴, 추출, 정제, 이송, 저장, 핵연료의 처리를 고려하면 실제로는 엄청난 양의 이산화탄소가 발생한다는 것을 알게 될 것이다.

게다가 일단 핵발전소의 수명이 종료되어 가동을 중단한 뒤에는 그림 2-16에 보이는 것과 같이 해체를 필요로 한다. 이는 엄청난 비용과 에너지를 요구하며, 동시에 이산화탄소도 배출한다.

💬 청정 기술에 대한 수요

산업혁명 이후로, 1960년대의 오일 붐을 거치면서 인류의 에너지에 대한 수요의 엄청난 증가는 전지구적인 이산화탄소 발생량의 증가를 가져왔다.

하와이에서 조금 떨어진 마우나 로아섬의 관측소에서는 1950년대 중반부터 이산화탄소의 농도를 관측하고 있는데, 그 관측자료는 그림 2-17에 나타나 있다.

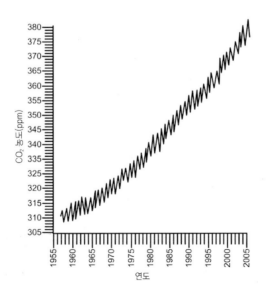

그림 2-17 마우나 로아섬에서의 이산화탄소 관측자료.

1950년 이후로 대기 중 이산화탄소의 농도가 지속적으로 꾸준히 증가하는 것은 명백한 사실이다.

하지만 어떤 사람들은 '1955년 이전의 이산화탄소 농도가 다 낮았다는 것을 알 수 있는가?'라고 반문하고 있다. 대기 중의 이산화탄소 농도를 측정하는 것 외에도 남극의 빙하에 드릴을 이용하여 얼음기둥을 채취할 수 있는데, 이는 깊이에 따라 그 생성연대가 다르다. 이 얼음기둥 속에는 소량의 공기 방울들이 존재하며, 이 기포 속의 공기를 분석하면 우리는 이전 시대의 기후에 관한 많은 양의 정보를 얻을 수 있게 된다.

 웹사이트

- en.wikipedia.org/wiki/Ice_cores
빙하의 얼음기둥에 대해서는 위키피디아에 더욱 자세히 설명되어 있다.

왜 이산화탄소 배출이 최근에 이렇게 치솟았을까?

우리의 경제성장은 값싼 석유와 '세계의 자원이 무한하다'는 인식에 기반하고 있지만, 자원의 고갈에 직면함에 따라 우리는 지구의 자원이 정말로 한정되어 있음을 이른 시일 내에 실감하게 될 것이다.

산업혁명 이후에, 화석연료와 다른 자원에 대한 우리의 수요는 계속 성장해 왔으며, 그림 2-18을 보면 인류에 의한 이산화탄소의 배출이 얼마나 급격히 증가하였나를 볼 수 있다. 실제로 대부분의 이산화탄소 배출은 지난 1세기 동안 발생하였다.

지난 세기, 가깝게는 수십 년 전에는 할 수 없었지만, 금세기에 우리가 할 수 있는 것들을 생각해 보자. 우리가 사용하는 엄청난 대수의 차량들을 생각해 보자. 대량생산의 발달로 선진국의 국민들은 그들이 원하는 차량을 소유하는 것이 가능하게 되었다. 우리는 많은 가정에서 한 대 이상의 자동차를 가지고 있는 것을 쉽게 볼 수

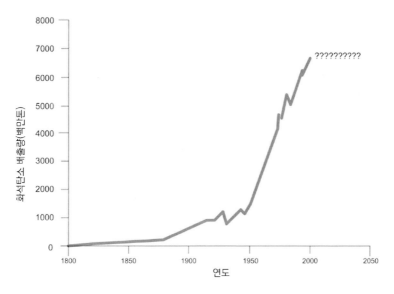

그림 2-18 산업혁명 이후 전지구적인 화석연료에 의한 탄소배출량.

있으며, 이러한 모든 차량들은 그 생산과 사용에 에너지를 필요로 한다. 또 다른 성장의 예로 항공산업을 생각해 보자. 50년 전에는 비행기는 그 요금이 매우 비쌌고 소수의 엘리트를 위한 것이었지만 지금은 믿을 수 없을 정도의 저비용으로 운항이 가능하고, 매 순간 엄청난 숫자의 비행기들이 하늘로 솟아오르고 있다.

💬 그렇다면 무엇이 문제인가?

첫 번째는 기후변화이다. 만약 아직까지 앨 고어의 '불편한 진실(미국의 부대통령이었던 앨 고어가 제작한 지구온난화를 경고하는 'An Inconvenient Truth'라는 홍보 비디오)'이라는 동영상을 찾아서 본다면, 이는 모든 연령대의 과학영재들에게는 기후변화에 대한 훌륭한 참고자료가 될 것이다. 우리가 화석연료를 태울 때 발생하는 이산화탄소는 '온실효과'로 지구온난화를 가져오는 주범 중의 하나이다.

1장의 앞부분에 이산화탄소를 발생시키지 않고 청정한 방법으로 수소를 생산하는 공정이 있었던 것이 기억날 것이다. 물론 지금의 기술과 기반시설들은 탄소에 기반한 경제에 의해 유지되고 있다. 현재 우리가 연료전지에 사용하는 수소의 대부분은 탄소에 기반한 화석연료로부터 얻고 있지만, 신재생에너지 기술의 발전에 힘입어 수소 경제는 청정한 미래사회를 제공할 것이라는 매력적인 전망을 가지고 있다.

중요한 것은 에너지를 필요로 하는 곳이 선진국 뿐만이 아니라는 것이다. 미국과 유럽의 에너지 수요가 지속적으로 증가하는 동안 중국과 인도와 같은 개발도상국에서도 에너지 수요가 급속히 증가하고 있다는 것을 고려하여야 한다. 이러한 급속한 성장은 지원과 에너지의 수요가 증가한다는 것을 뜻한다.

그리고, 수소를 주목해야 할 또 하나의 이유가 있다. 아마도 주유소의 휘발유 가격이 최근에 급격히 상승한 것을 알고 있을 텐데, 앞으로 한참 동안은 현재의 높은 휘발유 가격이 유지될 것이다.

미국석유협회의 과학자인 마리안 킹 허버트는 1956년에 석유의 발견이 종 모양의 곡선을 그릴 것으로 예측한 바 있다. 그림 2-19를 보면서 곡선의 의미를 살펴보자.

 웹사이트

피크 오일은 연료전지 기술에 관심 있는 과학영재라면 놓치지 않고 읽어보아야 할 중요한 주제이다. 아래의 위키피디아 글들을 읽어보기를 강력히 추천한다.

- en.wikipedia.org/wiki/Peak_oil

- en.wikipedia.org/wiki/Hubbert_peak_theory

허버트는 어떠한 지구상의 지점(단일 유정, 한 주의 유전지대 또는 국가나 대륙의 유전지대)이나 지구 전체를 볼 때 석유가 발견되는 속도는 종 모양의 곡선을 보일 것이라고 예측하였다. 그림 2-19에 보이는 곡선의 모양이 교회의 종을 닮은 것 같지 않은가?

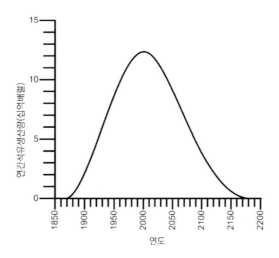

그림 2-19 종 모양의 형상을 가지는 허버트의 피크 오일 곡선.

이 곡선의 시작을 보면 언제 석유가 발견되었는지를 알 수 있으며, 초기에 사람들이 적절한 용도를 찾고, 생산과 정제설비를 위한 투자를 하는 동안에는 생산량이 많지 않았음을 알 수 있다. 서서히 석유의 유용한 용도들을 알게 되면서 더 많은 석유를 소모하기 시작하게 되었고 이는 석유의 생산을 촉진하였다. 내연기관의 발명과 자동차의 보급은 석유의 소비를 급격히 증가시켰는데, 그 결과로 이산화탄소의 배출도 급격히 증가하였다. 이러한 급격한 성장은 제한된 석유매장량으로 인해 한계가 있을 수 밖에 없었고, 접근이 용이하고 값싸게 채굴이 가능한 모든 석유자원을 채굴하게 된다. 이와 같은 과정을 거쳐 석유 생산의 정점(피크 오일)에 접근하게 되는데 이는 새로운 석유를 발견하는 것이 점점 더 어려워짐을 의미한다. 새로운 석유를 발견하기 위해 더 많은 노력이 필요하게 됨에 따라 석유의 가격은 올라가게 되며, 싸고 풍부한 자원에서 비싸고 점점 더 발견하고 채굴하기 어려운 자원으로 변하게 되는 것이다. 공급되는 석유의 양이 감소함에 따라 석유의 가격은 계속해서 오르게 된다. 현대 사회에서는 석유가 단순히 차량의 연료로만 사용되지 않고 플라스틱, 페인트, 의약품, 다양한 마감재로도 사용된다. 결국 우리는 석유 자원을 단순히 차량용 연료나 에너지원으로 사용하는 것을 피하고자 하게 되며, 이러한 과정에 수소와 연료전지 기술이 대두되게 되는 것이다.

💬 왜 수소인가?

현재 우리가 화석연료로부터 에너지를 추출하는 방법은 상당히 낭비요인이 많다. 그림 2-20을 보면 연료로부터 유용한 에너지를 얻는 여러 가지 기술을 볼 수 있는데, 연료전지는 다양한 발전출력 구간에서 우수한 효율을 보여주며, 심지어는 가장 좋은 효율의 발전으로 알려진 가스터빈 복합발전보다 효율이 우수하다.

현재 연료전지의 상용화를 지연시키는 문제점은 아래의 두 가지이다.

- 기술

- 가격

연료전지는 실험실에서 잘 작동하지만, 이를 실용화시키기 위해서는 기술과 연관된 실질적인 문제들을 극복해야만 한다. 수소는 가장 가볍지만 매우 큰 부피를 차지하기 때문에 차량이나 다른 용도에 쓰기 편리하도록 수소를 저장하는 방법을 찾아야만 한다. 또 다른 문제는 연료전지의 수명이다. 시간이 지나감에 따라 기술은 계속

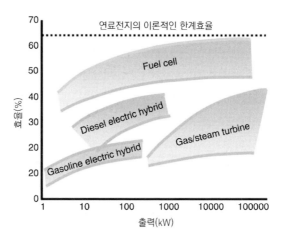

그림 2-20 에너지 변환 기술의 비교.

발전하게 되고, 이 세상의 모든 것은 초기의 연소엔진이 퇴조하였듯이 언젠가는 낡게 된다. 연료전지를 보면, 그 기술이 점진적으로 향상되고 있다. 초기의 연구개발 단계의 끝에 다가서고 있으며, 상업용으로 사용하기에 충분한 내구성을 가지는 연료전지 기술이 선보이기 시작하고 있다.

수소 연료전지에는 움직이는 부분이 없어서 기계적으로 고장이 날 부분이 없다는 것은 주목할 만한 점이다. 기술을 충분히 발전시키기 위해서는 한 발 한 발 차근히 진전을 이루는 것이 중요하다. 추운 기후에서 차량을 운행하기 위해서는 연료전지의 냉시동 특성을 향상시켜야만 하는데, 이는 또 다른 성능의 향상을 필요로 한다. 나아가서는 제조업체는 더 작은 연료전지에서 더 많은 출력을 끌어내는 것을 연구하고 있으며, 우리는 이 책에서 이와 관련된 기술들을 접하게 될 것이다. 연료전지가 작아지게 되면 차량에는 수소저장이나 다른 부품을 위한 더 많은 여유공간이 생길 것이다. 기술적인 측면 외에 가격에 대해서도 고려할 필요가 있는데, 고분자 전해질을 적용한 연료전지의 경우에 백금촉매는 연료전지 반응을 일으키기 위한 필수적인 요소이다. 만약 보석상에 가 본다면 백금이 얼마나 비싼 물질인지 알 수 있을 것이다. 백금은 절대로 값싸지 않으며, 이는 연료전지가 상용화되는데 커다란 걸림돌 중의 하나이다. 다행스러운 것은 연료전지에 사용되는 백금의 양이 지속적으

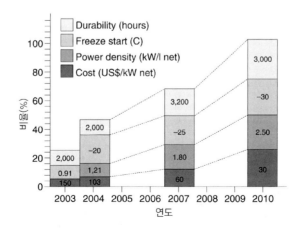

그림 2-21 차량용 연료전지 기술의 발전 동향.

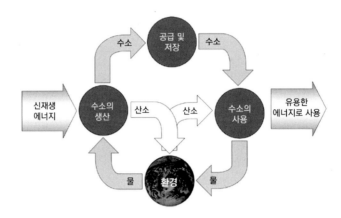

그림 2-22 수소 경제의 전망.

로 줄어들고 있는 것이다. 백금사용량의 저감과 다른 기술들의 향상에 따라서 연료 전지는 점점 저렴해지고 있으며, 우리가 구매하기에 적절한 수준까지 가격이 낮아질 것이다. 또한 이와 같이 가격이 낮아지면 더 많은 용도를 찾을 수 있게 될 것이다.

그림 2-21을 보면 차량용 연료전지에 있어서 몇몇 중요한 기술의 발전동향을 볼 수 있는데, 이를 통해 초기의 기술 수준에서부터 2010년에 어떠한 기술수준에 도달할 것인지에 대한 예측을 할 수 있다.

이미 앞에서 수소를 생산하는 다양한 방법에 대해 알아본 바 있으며, 더욱 저렴하고 편리한 기술이 개발됨에 따라 신재생에너지 및 청정에너지로 얻은 전기를 이용한 수소의 생산과 얻어진 수소를 청정에너지의 매개체로 사용하는 것으로 구축되는 에너지 경제를 상상할 수 있을 것이다.

그림 2-22를 보면 미래의 수소 경제가 어떨지 짐작할 수 있을 것이다.

말할 것도 없이 청정에너지와 수소의 이점은 탄소배출과 유독물질의 배출이 없으면서 물과 산소만을 필요로 하거나 배출하는 것이다. 그림 2-23은 물의 구성물질이 수소와 산소임을 보여주고 있다.

이 책에 있는 프로젝트들을 진행하다 보면 연료전지 기술에 대해 이해하게 될 것이

$$2H_2(g) + O_2(g) = 2H_2O(l)$$

그림 2-23 수소와 산소가 만나서 물이 생성되는 반응.

며, 그 과정에서 실험실에서 직접 실험하는 내용과 바깥 세상에서 실제로 일어나는 현상들 사이에 어떤 연관관계가 있는지 알게 될 것이다. 지금보다 더 나은 세상을 만들 수 있는 기술에 대해 여러분이 직접 실험하는 것을 생각하고 상상해 보라. 어떤 기술에 대해 흥미가 있을 때는 먼저 신문과 잡지에 있는 기사들을 읽고, 친구들 또는 가족과 의견을 교환하는 것도 좋은 방법이다. 항상 관심 있는 주제에 대해서는 철저히 이해하는 것이 좋다. 더러운 에너지원에 의해 수소가 생산된다는 것을 듣게 된다면 왜 청정 수소가 중요한지 생각해 보고, 어떠한 새로운 아이디어가 제안될 때 행간을 읽고 그것이 진짜로 친환경적인지에 대해서도 깊이 생각해 보기를 여러분 과학영재에게 권한다.

CHAPTER 3

FUEL CELL PROJECTS

수소의 생산

PROJECT 1 : 수소의 확인

PROJECT 2 : 산소의 확인

PROJECT 3 : 산–금속 반응의 조사

PROJECT 4 : 수소 생성 반응에 대한 금속의 반응성 비교

PROJECT 5 : 물의 전기분해

PROJECT 6 : 호프만 장치를 이용하여 물로부터 연료 만들기

💬 수소를 어디에서 얻을 수 있는가?

수소를 만드는 방법은 수없이 많이 있다. 수소는 수소광산에서 채굴하거나 수소광구에서 뽑아 올리는 것이 아니므로 이를 '연료'라고 부르는 것은 어폐가 있다. 우리는 다른 에너지원을 이용하여 수소를 생산해야만 하며, 3장에서는 수소를 생산하는 여러 가지 방법에 대해 평가해 볼 것이다.

💬 전기분해

학교에서 과학시간에 호프만 장치를 사용해본 적이 있을 것이다. 호프만 장치는 내부의 물에 전기를 흘릴 수 있도록 만들어진 유리용기이며, 전류는 물 속의 수소와 산소를 분리시킨다. 각 전극으로부터 기체들이 발생하고 이는 각각의 저장용기에 포집되게 된다. 산소에 비해 두 배의 수소가 발생하는 것을 관찰할 수 있으며, 이로부터 물의 분자식이 H_2O인 것을 재확인할 수 있다.

전기분해에 의해 생성된 수소는 매우 순도가 높다. 어떤 종류의 연료전지는 매우 고순도의 수소를 필요로 하는데, 이런 경우에는 전기분해한 수소가 유용하다.

전기분해의 단점은 과량의 전기에너지가 소모된다는 것인데, 이 전기는 청정한 신재생에너지를 이용하여 공급될 수 있으며, 저렴한 원자력 발전을 통해 공급될 수도 있다. 하지만 원자력 발전은 유독성 폐기물을 남기기 때문에 청정 수소 경제의 많은 장점을 상쇄시키는 기술이다.

💬 바이오매스의 가스화 및 개질

바이오매스는 상대적으로 청정하고 탄소중립적인 에너지원이다. 농업부산물, 유기물, 목재, 그 외의 바이오매스를 산소가 없도록 조절된 분위기하에서 가열하면 일산화탄소와 이산화탄소 뿐만 아니라 다량의 수소를 포함하고 있는 합성가스가 발생된다.

식물이 공기 중의 이산화탄소를 이용하여 바이오매스를 만들기 때문에 이러한 바이오매스로부터의 탄소배출은 탄소 중립으로 간주한다. 하지만 바이오매스의 생산과 운송과정에서의 탄소배출은 무시할 수 없다. 가스화 공정에서 발생하는 이산화탄소를 회수할 수도 있는데, 이와 같이 생산된 수소는 탄소배출 저감형 연료라고 할 수 있다.

수증기 개질

고온의 수증기와 메탄을 반응시키면 화석연료로부터 수소를 추출하는 것이 가능하다. 비록 이산화탄소는 배출되지만 공정 내에서 집중적으로 배출되므로 이의 분리 및 회수가 용이하다. 하지만 이산화탄소의 분리 및 회수에 대한 장기적인 안정성은 검증되지 않았음을 기억하기 바란다. 개질반응 공정은 상당히 저렴하며, 공정에서 발생하는 열 또한 열병합 발전을 통해 회수가 가능하다. 열병합 발전은 지역의 전력 및 난방 공급에 유용한 기술이며, 많은 저급 열원의 제공이 가능하다. 열병합 발전은 현재의 천연가스 공급망과 연관하여 생각할 때 상당히 전망이 밝은 효율적이고 저렴한 기술이다. 그렇지만 이산화탄소배출이 부수적으로 발생하는 것은 피할 수 없다.

광전기분해

광전기분해는 최근의 기술로서 태양전지와 유사한 실리콘 접합부를 태양에너지로 활성화시켜 사용한다. 차이점은 활성화를 통해 전기가 생성되는 것이 아니고, 활성화 상태에서 직접 물과 반응하여 전기분해를 일으킨다. 이 기술은 매우 흥미롭지만 아직도 많은 발전을 필요로 한다.

💬 청정 석탄

전 세계의 석탄 매장량은 엄청 많지만, 탄소를 많이 포함하고 있어 지구온난화 억제에 도움이 되지 않고, 채굴을 위한 지표 손상이 수 세대 동안 지속된다. 이러한 단점에도 불구하고 석탄가스화를 통해 수소를 추출하고, 발생한 이산화탄소는 분리 및 회수를 통해 지구온난화를 억제하고자 하는 노력이 진행 중이다.

💬 생물학적 수소 생산

태양광을 이용한 광합성을 통해 수소를 생산하는 수많은 조류들이 있다. 지금의 생물학적 수소생산은 단지 소규모로 시범을 보이는 단계이지만 많은 연구가 집중되고 있으므로, 앞으로 큰 진전이 있을 것이라 기대되고 있다.

PROJECT 1

수소의 확인

3장에서는 어떻게 수소를 생산할 것인가에 대해 다룰 것이다. 하지만 기체를 만든 후에 그것이 수소인지를 어떻게 알 수 있을까? 여기에서는 수소를 확인하는 간단한 실험방법을 알아보도록 하자.

준비물

• 기체를 담아둘 시험관

• 가느다란 나무 막대

• 불꽃(예: 양초)

실험방법

수소는 무색, 무취이며 가연성이 매우 강하여 산소와 결합하여 물을 생성한다. 수소와 산소의 혼합물은 매우 폭발성이 강하여 조금의 불꽃만 있어도 바로 폭발하는데, 이러한 성질을 이용하여 수소의 존재를 확인할 수 있다.

조금 시끄럽지만 굉장히 간단한 실험방법이다.

수소라고 생각되는 기체를 담은 시험관을 집는다. 불을 붙인 가느다란 나무 막대를 시험관 앞쪽에 집어넣는다. 그러면 그림 3-1과 같이 요란하게 펑 소리가 날 것이다.

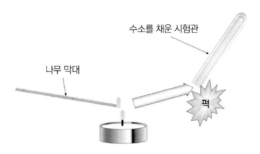

그림 3-1 수소의 확인 실험.

웹사이트

수소폭발에 대한 동영상을 살펴보자.
아래 사이트에서 'hydrogen gas'라는 동영상을 클릭하면 된다.

- www.olemiss.edu/projects/nmgk12/curriculum/eighth grade.htm

아래 동영상에서 수소로 가득 찬 풍선이 불타는 것을 볼 수 있다.

- www.youtube.com/watch?v=iMctWONnlpM

추가로 할 수 있는 것은 차갑게 냉각된 건조한 유리판을 이용해 실험을 하는 것이다. 불 붙은 나무막대를 집어 넣은 시험관을 유리판 근처에 갖다 대면 유리판에 입김이 서린 것처럼 뿌옇게 되는 것을 볼 수 있는데, 이는 수증기가 유리판에 맺힌 것이다.

결론

수소는 쉽게 불이 붙는 폭발성 가스이며, 이러한 수소의 가연성 때문에 장난감 풍선에는 수소 대신에 헬륨을 사용한다. 수소가 공기 중에서 연소할 때, 산소와 결합하여 물을 생성하는데, 단어식으로 나타내면 식 3-1과 같다.

$$수소 + 산소 \Rightarrow 물$$

식 3-1 수소연소에 대한 단어식

수소(시험관 안에)와 산소(공기 중에)가 반응하여 물(유리판에 맺힌 것)이 되는 것을 볼 수 있다.

더 과학적인 것을 원한다면 위의 단어식의 단어를 원소기호로 표현한 화학반응식으로 나타낼 수 있다. 식 3-2에서 보이는 바와 같이 H는 수소, O는 산소를 나타내고, H_2O는 물의 화학식을 나타낸다. 괄호 안의 기호는 물질의 상태를 나타낸다.

$$H_2(g) + O_2(g) \rightarrow H_2O(l)$$

식 3-2 수소연소에 대한 화학반응식

 상태기호

상태를 나타내는 기호에 대해 알아보자.
물에 대해 '(l)'을 사용하였는데 이는 액체를 뜻하며, 무엇인가가 물에 녹아 있다면 '(aq)'로 수용액 상태를 표현한다.

(s) = 고체(solid)
(l) = 액체(liquid)
(g) = 기체(gas)
(aq) = 수용액(aqueous)

하지만 숫자에 민감한 과학영재는 위의 식이 이상하다는 것을 느낄 것이다. 수소와 산소의 개수 그리고 물의 구성성분의 개수를 비교해 보면 산소 1개가 어디론가 사라진 것을 알 수 있다. 왜냐하면 수소 한 분자는 두 개의 수소 원자로 구성되어 있기 때문이다. 정확하게는 두 개의 수소분자가 한 개의 산소 분자와 결합하여 두 개의 물 분자를 생성해야 한다. 각 분자의 앞에 개수를 써 주면 식 3-3과 같이 된다.

$$2H_2(g) + O_2(g) \rightarrow 2H_2O(l)$$

식 3-3 물질수지를 맞춘 수소연소에 대한 화학반응식

이 책에서 앞으로 많은 물질수지를 맞춘 화학반응식을 마주치게 될 것인데, 지금 정확하게 개념을 이해해 두기를 바란다. 분자 앞의 숫자는 분자의 개수를 나타내고, 원소기호 뒤의 아래첨자는 한 분자를 구성하는 그 원소의 개수를 나타낸다.

PROJECT 2

산소의 확인

준비물

- 기체를 담아둘 시험관

- 가느다란 나무 막대

- 불꽃(예: 양초)

실험방법

산소는 연소를 보조하는 유일한 기체이며, 이를 이용하여 산소를 확인할 수 있다. 산소에 대한 실험을 하기 위해, 먼저 산소라고 생각되는 기체가 든 시험관을 집는다. 실험 과정은 그림 3-2와 같다.

기체가 든 시험관의 입구를 막거나 물어 넣어서 기체가 새지 않게 한다. 가느다란 나무 막대에 불을 붙인다(1단계). 입으로 불어서 불을 끈다(2단계). 이 과정에서 불꽃은 끄더라도 나무막대 끝의 불씨는 남기도록 하면, 불씨에서 흰 연기가 나오는 것이 보일 것이다. 불씨를 가진 나무막대를 기체가 든 시험관 안에 집어넣는다(3단계). 만약 기체가 산소라면 막대 끝의 불씨가 살아나서 바로 다시 불꽃이 생기게 된다(4단계).

산소의 특성

산소는 중성이며, 리트머스 종이나 지시약 종이에서 변화를 보이지 않는다.

💬 결론

이 실험을 통해 산소가 연소에 필요한 중요한 물질임을 알 수 있으며, 순수한 산소 분위기하에서의 연소가 공기(21%의 산소를 포함) 중에서의 연소에 비해 훨씬 잘 일어나는 것도 알 수 있다. 이는 공기 중에서는 막대에 불씨로만 있던 것이 시험관 내의 산소와 만나서 바로 불꽃으로 변하는 것으로부터 확인할 수 있다.

우리는 공기를 이용할 때보다 순수한 산소를 사용하는 것이 연료전지 효율을 훨씬 증가시키는 것을 나중에 보게 될 것이다.

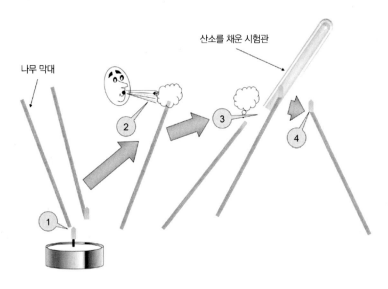

그림 3-2 산소의 확인 실험.

PROJECT 3

산-금속 반응의 조사

수소를 만드는 많은 방법이 존재하며, 3장에서는 그 방법들에 대해 다루고자 한다. 수소를 실험실에서 만드는 간단한 방법 중의 하나는 산과 금속을 반응시키는 것이다. 이번 프로젝트에서는 이를 실험하고, 어떠한 화학현상이 일어난 것인지를 살펴보도록 하자.

준비물

- 길다란 유리 깔때기

- 두 번 휘어진 유리관

- 눈금 있는 기체 포집병

- 가지 달린 삼각플라스크

- 초시계

실험방법

그림 3-3과 같이 장치를 구성한다. 유리깔때기, 휘어진 유리관, 삼각플라스크를 다룰 때는 유리기구가 깨지지 않도록 주의한다.

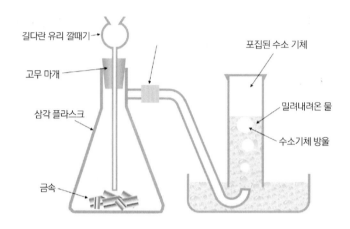

길다란 유리 깔때기

고무 마개

삼각 플라스크

금속

포집된 수소 기체

밀려내려온 물

수소기체 방울

그림 3-3 산과 금속의 반응에 의한 수소발생 장치.

반응이 시작되면, 초시계를 이용하여 시간의 경과에 따라 포집된 기체의 부피를 측
정한다. 표 3-1에 시간의 경과에 따라 생성된 수소의 양을 기록한다.

표 3-1 산-금속 반응의 결과

시간(초)	수소 발생량(cm^3)
초	cm^3
초	cm^3
초	cm^3
초	cm^3
초	cm^3
초	cm^3
초	cm^3
초	cm^3
초	cm^3
초	cm^3

💬 결론

금속이 관련된 반응에서, 금속은 한 개 또는 그 이상의 전자를 잃게 된다. 이러한 전자의 손실은 화학용어로 산화라고 부르는데, 금속이 산화가 잘 되는 정도에 따라 금속을 순서대로 나열할 수 있다. 더 쉽게 산화가 되는 금속이 더 반응성이 강한 금속이라고 볼 수 있으며, 금속의 반응성 순서는 그림 3-6에 나타나 있다. 비록 금속이 아니지만 수소는 이 순서에서 기준점의 역할을 한다.

한 물질의 산화가 일어나는 것과 동시에, 다른 물질의 환원도 항상 일어나게 된다. 환원은 어떤 물질이 전자를 얻게 되는 것이다.

그림 3-4의 도식을 보면서, 산화와 환원은 반드시 동시에 일어남을 다시 한 번 기억하기 바란다.

이를 기억하는 손쉬운 방법을 그림 3-5에 나타내었으며, 후반부에 다시 볼 기회가 있을 것이다. 사자를 뜻하는 단어 LEO와 트림하는 소리 GER를 이용하여, 'LEO가 GER라고 트림한다'로 외우자. 영어로는 Loss Equals Oxidation, Gain Equals Reduction이다.

LEO the Lion goes GER

GER

LEO

Loss Equals Oxidation
Gain Equals Reduction

그림 3-4 산화와 환원은 실과 바늘처럼 항상 함께 있어야 한다.

그림 3-5 사자 LEO의 GER 소리는 산화환원 반응을 외우기 쉽게 해 줄 것이다.

💬 어떤 현상이 일어났는가?

산성 용액 속에 존재하는 수소 양이온이 금속 표면으로 이동하여, 금속 표면으로부터 전자를 받게 된다. 이 과정에서 금속은 전자를 잃게 된다. 수소 양이온은 전자와 만나서 수소 원자가 되고, 수소 원자 두 개가 만나서 수소 분자가 만들어지게 된다. 2장에서 두 개의 원자로 이루어진 수소 분자의 그림을 본 것을 기억하라. 이 과정에서 금속이온은 수화되어서 금속표면으로부터 떨어지게 된다. 즉 산성 용액에 금속 양이온이 녹아나가게 된다.

실험을 해보면, 수소 기체의 생성이 느려지다가 중단되는 것을 보게 될 것이다. 이는 반응물인 금속이 소모됨에 따라 수소의 생성속도가 느려지고, 금속이 완전히 소모되면 수소의 발생은 멈추기 때문이다.

💬 더 자세한 내용은

이 책에서 촉매라는 단어를 자주 보게 될 것인데, 곧 친숙해지게 될 것이다. 아연과 황산을 이용할 경우에 수소의 생성속도는 아주 느린데, 만약 수소의 생성속도를 높이고 싶다면 촉매를 사용하는 방법이 있다. 촉매의 작용은 화학반응의 속도를 빠르게 하는 것이다.

촉매작용을 하는 황산구리($CuSO_4$)를 아연의 표면에 소량 뿌려두면 수소의 생성속도가 훨씬 빨라짐을 볼 수 있다. 이미 아연을 이용한 수소발생 실험을 해 보았다면, 이번에는 소량의 촉매를 뿌린 뒤에 수소의 생성속도가 얼마나 빨라졌는지 확인해 보고 그 결과를 표 3-2에 기록해 보자.

표 3-1의 결과와 표 3-2의 결과를 비교해보면 촉매의 작용을 이해할 수 있을 것이다.

표 3-2 촉매를 첨가하였을 때와 첨가하지 않았을 때의 산-금속 반응의 비교

시간(초)	황산구리 촉매를 사용할 때의 수소 발생량(cm³)	황산구리 촉매를 사용하지 않을 때의 수소 발생량(cm³)
초	cm³	cm³
초	cm³	cm³
초	cm³	cm³
초	cm³	cm³
초	cm³	cm³
초	cm³	cm³
초	cm³	cm³
초	cm³	cm³
초	cm³	cm³
초	cm³	cm³

PROJECT 4

수소 생성 반응에 대한 금속의 반응성 비교

준비물

- 마그네슘(Mg) 조각

- 알루미늄(Al) 조각

- 아연(Zn) 조각

- 철(Fe) 조각

- 주석(Sn) 조각

- 납(Pb) 조각

 주의

칼륨, 나트륨, 리튬, 칼슘과 같은 금속은 묽은 황산이나 염산과 매우 격렬하게 반응한다. 따라서 이러한 알칼리 금속을 산 용액과 반응시키는 것은 매우 위험하다.

 힌트

가능한 한 정확하게 실험하고자 하므로, 실험에서 사용하는 금속의 표면적을 동일하게 유지하는 것이 매우 중요하다. 왜냐하면 금속의 표면에서만 수소의 발생이 일어나기 때문이다. 따라서 여러 종류의 금속 조각들을 고를 때, 가능하면 모두 동일한 표면적을 가지도록 하는 것이 정확한 실험에 도움이 된다.

프로젝트 3에서 했던 실험을 각각의 금속에 대해 반복하도록 한다. 각각의 금속들은 가능한 한 같은 크기에 같은 표면적을 가지는 것을 사용하도록 한다. 초시계와 눈금 있는 기체 포집병을 이용하여 시간의 경과에 따른 수소 발생량을 표 3-3에 기록해 보자.

표 3-3 금속 종류에 따른 반응성 비교

시간(초)	마그네슘	알루미늄	아연	철	주석	납
초	cm³	cm³	cm³	cm³	cm³	cm³
초	cm³	cm³	cm³	cm³	cm³	cm³
초	cm³	cm³	cm³	cm³	cm³	cm³
초	cm³	cm³	cm³	cm³	cm³	cm³
초	cm³	cm³	cm³	cm³	cm³	cm³
초	cm³	cm³	cm³	cm³	cm³	cm³
초	cm³	cm³	cm³	cm³	cm³	cm³
초	cm³	cm³	cm³	cm³	cm³	cm³
초	cm³	cm³	cm³	cm³	cm³	cm³
초	cm³	cm³	cm³	cm³	cm³	cm³

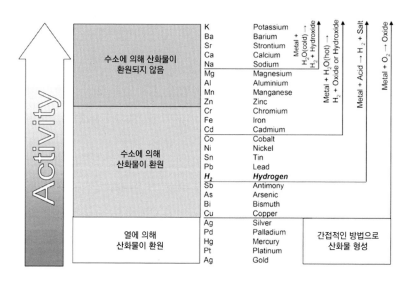

그림 3-6 여러 가지 금속들의 반응성 비교.

PROJECT 5

물의 전기분해

준비물

- 탄소봉 2개 또는 1.5 V 건전지 2개

- 9 V 적층건전지

- 전선

- 작은 유리 수조

- 베이킹 소다(탄산나트륨, $NaHCO_3$)

- 보호용 장갑

실험방법

우선 필요한 것은 전극으로 사용할 탄소봉 2개이다. 탄소봉 2개를 구할 수 있다면 좋겠지만 만약 구하지 못했다면 1.5 V 건전지의 안에 들어있는 탄소봉을 빼 내어서 사용해도 된다. 건전지를 분해할 때는 전해액이 새게 되므로 반드시 비닐이나 라텍스로 된 보호장갑을 끼도록 한다. 건전지의 분해는 쇠톱으로 건전지의 금속케이스를 자르는 것으로부터 시작한다. 탄소봉은 건전지의 중심부에 있으며, 끈적끈적한 전해질로 둘러싸여 있다. 꺼낸 탄소봉을 깨끗이 닦고, 필요 없는 금속케이스와 전해액은 버리도록 한다.

그림 3-7 이온을 제공하기 위한 베이킹 소다.

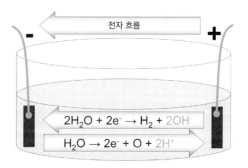

그림 3-8 환원극 (−)에서는 수소가, 산화극 (+)에서는 산소가 발생.

자 이제 두 개의 탄소봉을 갖게 되었다면, 이것들을 전선을 이용하여 9 V 적층건전지에 연결한다. 그리고 탄소봉을 물이 채워진 작은 유리 수조에 담근다.

무슨 일이 생기는가? 눈에 보이지 않을 정도의 극히 소량의 기체방울이 생기는 것이 보일 것이다. 그 이유는 순수한 물은 전기 전도도가 매우 낮아 전류가 잘 흐르지 않기 때문이다. 자 이제 물에 소량의 이온을 넣어주도록 하자.

요리에 쓰이는 베이킹 소다는 물에 녹으면 충분히 이온의 작용을 하는데, 이를 소량 물에 넣어주면 드디어 기체방울들이 생기는 것을 보게 될 것이다.

각각의 전극에서 생성된 기체는 시험관으로 포집이 가능하며, 각각의 기체가 수소인지 산소인지 확인해 볼 수 있을 것이다.

💬 결론

전기분해를 일으키기 위해서는 수용액 중에 이온이 있는 것이 매우 중요하다. 커다란 전기분해조의 경우에는 부식성이 있는 수산화칼륨(KOH)과 같은 강한 염기성 화합물을 사용하기도 한다.

💬 어떤 현상이 일어났는가?

그림 3-8은 산화극(+)과 환원극(-)에서 일어나는 반응을 보여주고 있다. 양전하를 띤 이온, 즉 양이온은 환원극 쪽으로 이동하며, 음전하를 띤 음이온은 산화극 쪽으로 이동한다. 이러한 양전하와 음전하의 이동을 위한 에너지는 전기분해조에 연결된 외부의 전지에서 공급된다.

그림 3-8에 보이는 환원극과 산화극에서 일어나는 두 개의 화학반응식을 합치면 물로부터 수소와 산소가 생성되는 것을 알 수 있으며, 이는 그림 3-9의 화학반응식에 잘 나타나 있다.

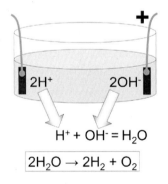

$$H^+ + OH^- = H_2O$$
$$2H_2O \rightarrow 2H_2 + O_2$$

그림 3-9 물의 전기분해에 대한 전체 화학반응식.

PROJECT 6

호프만 장치를 이용하여 물로부터 연료 만들기

준비물

* 호프만 장치

전기분해를 하는 또 다른 방법은 호프만 장치로 알려진 유리기구를 사용하는 것이다. 이 장치는 그림 3-10에 보이는 바와 같이 물이나 이온 물질을 채울 수 있는 물 주입구가 있고, 이에 연결된 두 개의 큰 유리관 바닥에는 전류를 흘릴 수 있는 전극이 있다. 또한 이 유리관들의 위쪽은 포집된 기체를 뽑아낼 수 있는 밸브가 있다.

물을 전기분해하면 각각의 유리관에 수소와 산소가 모이게 된다.

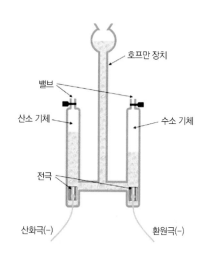

그림 3-10 호프만 장치.

그림 3-11 PURE 에너지 센터의 전기분해 장치.

호프만 장치는 과거에는 직류전원에 대한 전력계로 사용되었다. 왜냐하면 호프만 장치를 거쳐서 흘러간 전류의 양은 생성된 기체의 양과 비례하기 때문이다.

신재생에너지로부터의 수소 생산

지속 가능한 에너지 경제를 원한다면, 신재생에너지를 이용한 전기분해를 이용하여 수소를 생산하는 것이 바람직하다.

퓨어(PURE) 에너지 센터

이 기술은 쉐틀랜드에 위치한 퓨어 에너지 센터가 시연하고자 하는 것 중의 하나이다. 쉐틀랜드 섬은 풍력이 매우 풍부한데, 이 센터의 과학자들은 풍력에너지를 이용하여 수소를 생산하고, 생산된 수소는 기체탱크에 저장하고 있다. 이 수소는 연료전지 자동차, 수소 바베큐, 5 kW급 연료전지 발전기 등의 용도에 사용되고 있다.

그림 3-12 6 kW 출력의 풍력 발전기.

이 섬에 있는 2대의 6 kW급 풍력발전기는 전력을 공급하고 있는데, 과학자들은 충분한 용량의 전기분해 설비를 가지고, 전력 사용량이 적을 때 남아도는 전기를 이용하여 수소를 생산하고 있다. 수소를 생산하기 위한 전기를 신재생에너지로부터 얻기 때문에 이러한 과정 중에서 이산화탄소의 배출은 전혀 없다.

💬 해리(HARI) 프로젝트–수소와 신재생에너지 융합

신재생에너지에서 얻어진 전기로 물을 전기분해하여 수소를 얻고자 하는 또 다른 프로젝트가 영국 라이스터샤이어의 웨스트 비이콘 농장에서 해리 프로젝트로 진행되고 있다. 해리 프로젝트는 그림 3-13에 보이는 것과 같은 전기분해 설비를 이용하여 신재생에너지에서 얻은 전기를 수소로 전환하고 있다.

풍력 발전, 태양광 발전, 소수력 발전과 같은 다양한 종류의 신재생에너지 발전 설비를 현지에 보유하고 있으며, 해리 프로젝트는 사용하고 남는 전력을 수소 생산에 사용하고 있다. 생산한 수소는 현지의 연료전지 발전기나 개발 중인 연료전지 자동차에 이용하고 있다.

그림 3-13 HARI의 전기분해 설비. 루퍼트 가몬 박사의 양해 하에 게재.

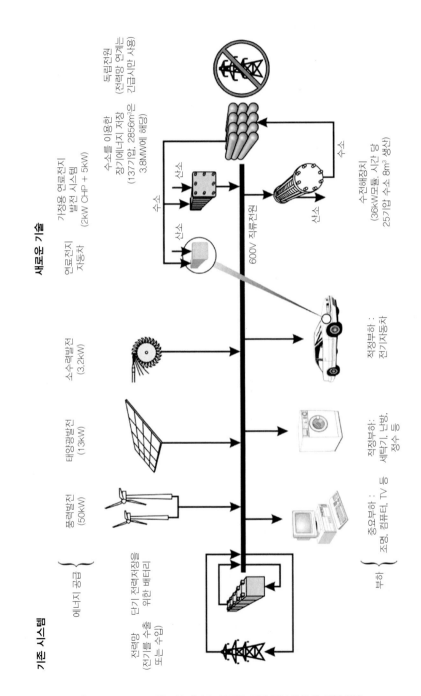

그림 3-14 HARI 프로젝트의 개념도. 루퍼트 가몬 박사의 양해 하에 게재.

CHAPTER 4

FUEL CELL PROJECTS

수소의 저장

PROJECT 7 : 탁상용 연료전지를 위한 수소저장 탱크
PROJECT 8 : 보일의 법칙과 수소의 압축 저장
PROJECT 9 : 샤를의 법칙
PROJECT 10 : 나만의 '탄소 나노튜브' 만들기
PROJECT 11 : H-Gen을 이용한 수소 만들기
PROJECT 12 : H-Gen에서의 반응속도의 조절

연료전지의 상용화를 가로막는 문제들이 하나씩 해결되어가고 있지만, 수소 경제를 구축하는 데에는 여전히 많은 장애물들이 있다.

미래의 수소 경제에서는 연료전지와 같은 수소를 이용하는 방법 뿐만 아니라 수소를 저장하고 운송하는 효율적인 방법을 필요로 한다.

현재의 에너지원은 실온에서 높은 '부피당 에너지 밀도'를 가지고 있으며, 1 리터의 석유는 엄청난 양의 에너지를 가지고 있다. 반면에 동일한 에너지를 가지는 수소의 부피는 훨씬 커지게 되는데, 이는 수소가 기체이기 때문에 가지는 특성이다.

'무게당 에너지 밀도'를 보면 수소는 상당히 괜찮은 에너지 저장 물질이지만, '부피당 에너지 밀도'를 보면 기존의 화석연료와 비교가 되지 않게 낮다.

수소를 저장하는 데는 수소 분자가 아주 작기 때문에 발생하는 몇 가지 근본적인 문제점들이 있다. 수소는 대부분의 물질을 투과하여 새어 나오는 성질이 있어, 얼핏 보기에 저장용기의 소재로 적합해 보이더라도 실제로는 적용이 어려운 경우가 많다.

화석연료와 동일한 에너지 양을 가지는 수소를 대기압으로 저장하기 위해서는 엄청나게 큰 저장용기가 필요하며, 이 용기의 무게는 경량의 수소로 인해 얻어지는 장점을 상쇄하고도 남게 된다.

그 결과, 효율적으로 수소를 저장하기 위한 '금속 수소화물'에 대한 많은 연구가 진행되었다. 수소화물은 간단히 생각하면 수소를 적실 수 있는 '수소 스펀지'로 생각할 수 있으며, 온도가 높아지면 수소를 방출한다. 금속 수소화물 실린더는 그림 4-21에 나타나 있다.

PROJECT 7

탁상용 연료전지를 위한 수소저장 탱크

준비물

- 본 책에 나오는 수소 실험들을 위해서는 소형 경량의 실린더를 사용한다.

비어 있는 수소탱크는 그림 4-1, 가득 차 있는 수소탱크는 그림 4-2와 같다.

그림 4-1 비어 있는 수소저장 탱크.

그림 4-2 가득 차 있는 수소저장 탱크.

PROJECT 8

보일의 법칙과 수소의 압축 저장

준비물

- 주사기

이번은 대단히 간단한 실험이지만 보일의 법칙을 이해하는데 매우 효과적이다.

보일은 '일정한 온도에서 일정한 부피를 가지는 기체가 있을 때, 압력을 높이면 부피는 이에 반비례하여 줄어든다'고 제안하였다.

주사기를 공기로 채운 후, 주사기 입구를 손으로 단단히 막는다. 그러면 일정한 부피의 공기를 주사기 안에 가둔 것이 된다. 주사기의 막대를 눌러서 주사기 내의 압력을 변화시켜 보자. 여러분은 주사기 막대를 누르면 누를수록 점점 힘이 더 많이 드는 것을 느끼게 될 것이다. 이것은 주사기 내의 공기의 부피가 줄어듦에 따라 주사기 내부의 압력이 올라가서 누르는 힘에 대한 저항력이 더 커지기 때문이다.

웹사이트

인터넷에서 보일의 법칙을 시뮬레이션해 볼 수 있다. 아래의 사이트를 방문해 보자.

- group.chem.iastate.edu/Greenbowe/sections/projectfolder/flashfiles/gaslaw/boyles_law_graph.html

PROJECT 9

샤를의 법칙

준비물

- 풍선

- 냉동고 또는 냉장고

- 끓는 물

- 수조

- 줄자

우리는 주어진 공간 안에 저장할 수 있는 수소의 양을 최대한 크게 하고자 하므로, 이러한 수소의 저장에 대해 이해하기 위해서는 기체의 온도와 부피간의 상관 관계를 이해하는 것은 매우 중요하다.

샤를의 법칙은 '일정한 압력 하에서 일정 질량의 이상기체의 부피는 온도가 높아지고 낮아짐에 따라 동일한 경향으로 커지고 작아진다'이다.

이를 실험하기 위해서, 먼저 풍선을 분 후에 공기가 새지 않도록 끝을 잘 묶는다. 그러면 이제 일정한 부피의 공기를 담고 있는 풍선을 갖게 되었다. 풍선을 줄자로 둘러싼 후, 풍선에서 가장 많이 부푼 부분의 둘레 길이를 측정한다. 이제 수조에 끓는 물을 부은 후, 풍선을 담근다. 뜨거운 물은 풍선 내부의 공기의 온도를 올리게 되며 풍선은 더 많이 부풀게 된다. 뜨거운 물에서 풍선을 꺼내자마자 바로 둘레 길이를 측정한다. 다음은 풍선을 냉장고에 넣은 후 5~6분 정도 기다린다. 풍선을 냉장고에

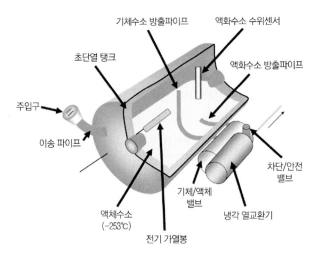

기체수소 방출파이프

액화수소 수위센서

초단열 탱크

액화수소 방출파이프

주입구

이송 파이프

차단/안전 밸브

액체수소
(-253℃)

기체/액체 밸브

냉각 열교환기

전기 가열봉

그림 4-3 수소의 극저온 저장을 위한 탱크의 구조도.

서 꺼내자마자 바로 둘레 길이를 측정한다. 다음은 풍선을 냉동고에 넣고 동일한 과정을 반복한다.

높은 온도에서는 풍선이 부풀어 오르고, 낮은 온도에서는 쭈그러드는 것을 관찰하였을 것이다. 이를 이용한 극저온 저장은 연료전지 자동차에서 수소를 저장하기 위해 사용되는 방법 중의 하나이다. 수소를 영하 253도에서 극저온 저장할 경우, 수소는 액체상태로 변하게 된다. 하지만 불행하게도 이러한 극저온 저장을 위해서는 온도를 낮추기 위해 저장한 수소의 전체 에너지의 30%나 되는 막대한 에너지를 소모해야 한다.

미래의 수소연료전지 자동차에서 수소 저장을 위해 사용될 극저온 저장 탱크의 구조도를 그림 4-3에 나타내었다.

상온으로부터 수소를 냉각하면 점점 부피가 줄어들고 밀도는 높아지게 된다. 이는 연료전지 차량에 작은 수소저장 탱크를 장착하고자 하는 우리의 희망사항과 일치하는 현상이다.

웹사이트

온라인 시뮬레이션은 아주 유용한 방법이다. 샤를의 법칙을 시뮬레이션해 볼 수 있는 아래의 사이트를 방문해 보자. 아래의 사이트에서는 이 외에도 많은 유용한 온라인 시뮬레이터들을 제공하고 있다.

- group.chem.iastate.edu/Greenbowe/sections/projectfolder/flashfiles/gaslaw/charles_law.html

PROJECT 10

나만의 '탄소 나노튜브' 만들기

준비물

- 음료수 빨대

- 유성펜

- 큰 원형 스티커

- 글루건(없어도 가능)

수소를 저장하는 또 다른 방법은 그림 4-4와 같이 수소를 적절한 물질에 흡착시키는 것이다. 탄소 나노튜브는 높은 표면적을 가지는 물질 중의 하나이다.

탄소 나노튜브의 구성단위는 벅키볼(또는 풀러렌)이며, 벅키볼의 화학식은 C_{60}이다. 만약 우리가 빨대의 양쪽에 붙인 각각의 스티커는 탄소 원자 1개를 나타낸다. 따라서 벅키볼을 튼튼하게 만들기 위해서 앞뒷면으로 스티커를 붙인다면 C_{60}을 만들기 위해 120개의 스티커가 필요하다.

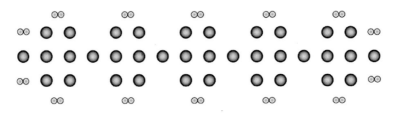

그림 4-4 표면에 흡착된 수소의 모식도. 연한 색의 작은 원은 수소 원자를 나타내고, 크고 검은 원은 탄소 원자를 나타낸다.

그림 4-5 카본 나노튜브를 만들기 위해 필요한 재료들.

그림 4-6 완성된 벅키볼.

필요하다면, 탄소를 표현하기 위해서 스티커를 유성펜을 이용하여 검은색으로 칠할 수도 있다. 빨대는 탄소와 탄소간의 결합을 나타낸다.

먼저 빨대를 동일한 크기로 자른다. C_{60}을 만들기 위해 필요한 숫자를 계산해 보면 빨대 90개가 필요하다. 결합을 만들기 위해서는 빨대 두 개를 맞대고 그 부분에 스티커를 붙이면 된다. 먼저 오각형을 만든다. 그 후에 오각형의 변마다 육각형을 만들어 붙인다. 이와 같이 오각형 주위를 5개의 육각형이 둘러싼 모양을 계속 만들어 가면 축구공과 동일한 모양의 공이 만들어질 것인데, 완성된 벅키볼의 모양은 그림 4-6과 같다.

벅키볼을 계속 연장해서 만들어가면 탄소 나노튜브를 만들 수 있는데, 이는 길다란 관과 같은 구조를 가지며 수소를 흡착하는 데 사용이 가능하다.

💬 수소화물을 이용한 수소 저장

금속 수소화물

금속 수소화물은 네덜란드의 아인트호벤에 위치한 필립스사의 실험실에서 우연히 1969년에 발견되었다. 당시의 연구원은 수소 기체에 노출된 금속이 스펀지처럼 수소를 흡수한다는 것을 발견하였다. 젖은 스펀지를 짜면 물이 나오듯이, 금속 수소화물에 조금의 열만 가하여도 흡수한 수소를 방출하였다. 즉, 스펀지를 적셨다가 쥐어짰다가 하듯이 금속 수소화물도 가역적으로 수소를 흡수하고 방출하는 것이 가능하였다. 금속 수소화물의 발견 이후로 이와 연관된 기술은 널리 퍼지기 시작하였으며, 오늘날 핸드폰이나 휴대용 기기에 널리 사용되고 있는 '니켈-수소 전지'와 같은 응용이 개발되었다. 하지만 수소 경제에서는 금속 수소화물을 이용한 수소저장과 같은 에너지저장 기술로의 응용에 관심이 있다. 금속 수소화물의 장점 중 하나는 낮은 압력에서도 높은 부피 밀도의 수소저장이 가능한데 있다. 하지만 금속의 무게 때문에 전체 저장 시스템의 무게가 무거워지는 단점이 있다. 금속 수소화물의 모식도를 그림 4-8과 4-9에 나타내었는데, 금속 원자와 원자 사이의 틈에 수소가 어떻게 흡수되는지를 보여주고 있다.

복합 수소화물

복합 수소화물은 금속 수소화물보다 더 복잡한 구조를 가지는데, 수소 흡수 능력을 높이기 위해 다른 원소를 더 집어 넣기도 한다.

복합 수소화물은 금속원자와 수소화물의 성능을 높이기 위해 넣은 원자의 사이에 수소를 가두어서 저장한다. 수소가 필요할 때, 복합 수소화물을 가열하면 역시 수소가 방출된다.

복합 수소화물은 부피가 적고, 필요할 때 즉시 수소를 주입할 수 있는 장점을 자동차 제조업체에 제공하지만, 다른 저장기술에 비해 상대적으로 높은 무게, 고온에서의 작동, 적절한 유량의 수소 공급의 용이성 등에서 단점을 가지고 있다. 기술의 현

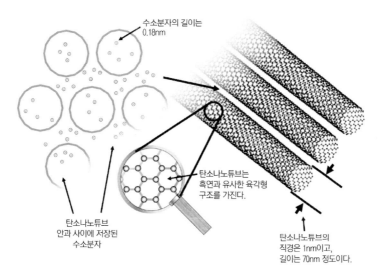

수소분자의 길이는
0.18nm

탄소나노튜브는
흑연과 유사한 육각형
구조를 가진다.

탄소나노튜브
안과 사이에 저장된
수소분자

탄소나노튜브의
직경은 1nm이고,
길이는 70nm 정도이다.

그림 4-7 탄소 나노튜브를 이용한 수소 저장.

수준은 여전히 개발 단계이다. 복합 수소화물의 구조를 그림 4-10과 4-11에 나타내
었다. 그림 4-10에서 작은 원은 수소, 커다란 검은 원은 금속 원자, 연한 회색 큰 원
은 복합 수소화물의 성능을 향상시키기 위해 추가로 주입한 원자를 나타낸다.

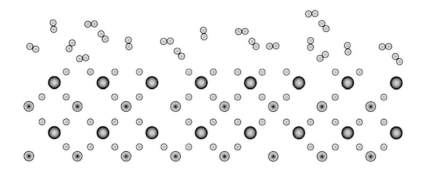

그림 4-8 금속 수소화물의 2차원 구조도.

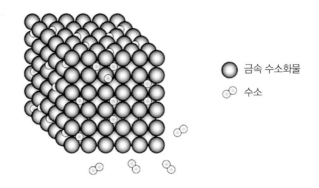

금속 수소화물

수소

그림 4-9 금속 수소화물의 3차원 구조도.

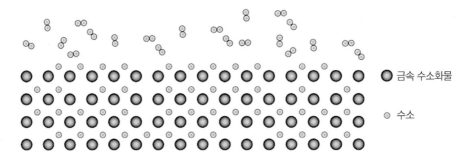

금속 수소화물

수소

그림 4-10 복합 수소화물의 2차원 구조도.

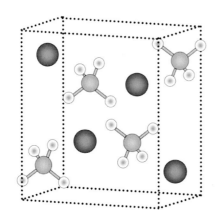

그림 4-11 복합 수소화물의 3차원 구조도.

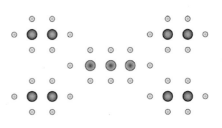

그림 4-12 화학적 수소화물의 2차원 구조도.

FUEL CELL PROJECTS

● 화학적 수소화물

화학적 수소화물은 수소를 화학구조 내에 저장하며, 역시 촉매와 접촉하면 수소를 방출한다. 이 책의 후반부에서 H-Gen 반응기를 사용할 때, 화학적 수소화물을 이용한 실험을 하게 될 것이다. 화학적 수소화물은 액체와 고체의 두 가지 형태 모두로 이용이 가능하며, 낮은 부피와 무게를 가지고 있어 그 효용가치가 높다. 액체 형태로 이용하기 때문에 기존의 주유시스템을 그대로 활용할 수 있는 가능성을 가지고 있다. 화학적 수소화물의 단점은 사용한 화학적 수소화물을 차량 내에 저장해야만 하고, 다시 새롭게 재생된 화학적 수소화물과 교환해야 한다는 것이다. 사용한 화학적 수소화물을 재생하는 것은 기간시설과 기술, 그리고 재생설비를 필요로 한다. 화학적 수소화물의 구조를 그림 4-12에 나타내었다. 화학적 수소화물이 어떻게 수소를 저장하는 기능을 하는지 알 수 있을 것이다.

화학적 수소화물은 그 종류가 너무나 많아서 혼란스러울 정도이다. 그림 4-13은 현재까지 발견된 여러 가지 화학적 수소화물의 화학식을 나타내고 있으며, 이들을 부피 밀도와 무게 밀도에 따라 그래프 상에 표시하였다. 다른 수소 저장 기술과의 비교 또한 나타내었다.

자동차 연료로 수소를 실용적으로 사용하기 위해서는 현재의 수소 저장 용량을 늘려야만 하며, 현재의 휘발유 차량과 여러 가지 수소 저장 기술을 부피당 에너지 밀도와 무게당 에너지 밀도로 비교한 것을 그림 4-14의 그래프에 나타내었다. 미국 에너지성의 수소 저장 기술에 대한 목표치 또한 볼 수 있는데, 이를 보면 어느 정도의 기술 향상을 요구하는지 알 수 있다.

휘발유 수준만큼의 에너지 밀도를 가질 수는 없지만, 그것이 커다란 문제는 아니다. 우리가 더욱 가볍고, 더욱 향상된 공기역학적 구조를 가지면서, 더욱 연료 효율이 높은 차량을 만들어서 에너지 사용량을 줄일 수 있다면, 수소 저장에서의 에너지 밀도 문제를 피해갈 수도 있을 것이다.

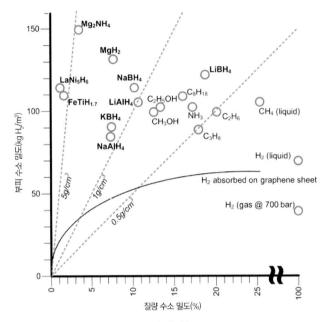

N. B. Hydrides are shown in bold

그림 4-13 화학적 수소화물의 종류와 각 수소화물의 수소 저장 능력.

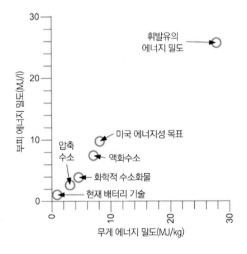

그림 4-14 미국의 수소 저장 기술 로드맵.

PROJECT 11

H-Gen을 이용한 수소 만들기

준비물

- H-Gen

- 수소화붕소나트륨(NaBH₄)

그림 4-15에 보이는 것과 같이 작은 용기에 든 수소화붕소나트륨으로도 H-Gen을 이용하여 실험에 필요한 수소를 생산하는데 충분하다.

수소화붕소나트륨의 화학구조를 보면, 붕소 원자 1개당 4개의 수소 원자가 결합하고 있으며, 여기에 나트륨 원자가 1개 결합하여 중성전하를 유지하고 있다.

그림 4-15 수소화붕소나트륨 시약병.

그림 4-16 수소화붕소나트륨의 화학구조.

실험방법

H-Gen 수소발생기에 물을 절반(약 15 ml) 정도 채운다. 여기에서는 증류수 말고 일반 수돗물을 사용하여도 상관이 없다.

수소화붕소나트륨 0.1 g을 물에 녹인다. 소량이므로 그림 4-17에 보이는 것과 같이 작은 시약 수저를 이용하여 넣는 것이 좋다. 아직은 아무 일도 일어나지 않겠지만, 물에 촉매를 넣으면 즉시 작은 기체 방울들이 생기는 것을 볼 수 있을 것이다.

수소 생성반응을 하고 난 뒤의 잔류물질은 붕소산나트륨(NaBO₂)이다. 아주 소량의 화학물질을 사용하였으므로, 이는 배수구에 그냥 버려도 문제는 되지 않는다.

그림 4-17 수소화붕소나트륨을 덜어내기 위한 작은 시약 수저.

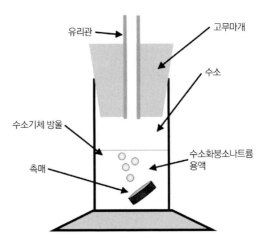

그림 4-18 H-Gen에서 수소가 발생되는 것을 보여주는 그림.

결론

이러한 간단한 실험은 물을 전기분해하는 것 이외에도 간단하게 수소를 생산하는 방법이 있다는 것을 보여준다. 이제 여러분에게 떠오르는 질문은 '우리는 왜 현재의 에너지 위기를 해결하기 위해 이러한 수소화붕소나트륨을 사용하지 않을까?' 이다.

그림 4-19 미니 고분자전해질 연료전지 작동을 위한 H-Gen의 수소 생성.

물론 이런 질문을 할 수 있으며, 실제로 화학적 수소화물을 이용하여 작동되는 연료전지 자동차의 개발이 진행된 적도 있다(보다 자세한 내용은 그림 13-39를 보면 된다). 문제는 화학적 수소화물을 이용하여 차량을 작동하기 위해서는 화학적 수소화물의 주입을 위한 별도의 기반 시설을 구축해야 할 필요가 있다. 그 외에도 사용된 화학적 수소화물에 다시 수소를 첨가하기 위한 설비 또한 필요하게 된다. 화학적 수소화물이 가볍고 부피가 작은 장점이 있지만, 사용된 화학적 수소화물의 재생을 위해 이를 차량에서 배출해야 하고 화학적 수소화물로의 재생 또한 기반설비와 기술을 구축하는데 많은 비용이 필요하다.

> **주의**
>
> H-Gen을 청소할 때는 촉매를 잃어버리지 않도록 주의하라. H-Gen에서는 촉매가 가장 중요한 부품이며, 만약 깨지더라도 사용 가능하므로 버리지 말도록 한다.

PROJECT 12

H-Gen에서의 반응속도의 조절

준비물

- H-Gen

- 초시계

- 주전자(물을 끓이는 용도)

- 각얼음

개요

H-Gen은 1.5 W 이하의 출력을 가지는 대부분의 연료전지를 작동시키기에 충분한 양의 수소를 생산할 수 있다. 몇몇 큰 연료전지 시스템에서 더 많은 양의 수소를 필요로 할 때가 있는데, 이 때는 수소의 생산속도를 높이면 된다.

이 실험에서는 H-Gen 장치에서 수소의 생산속도에 영향을 미치는 요인이 무엇인지를 살펴보고자 한다.

실험을 위해서는 수용액의 온도를 조절할 필요가 있으며 이를 위해 주전자와 각얼음을 이용하여 수용액의 온도를 섭씨 0도에서 100도까지 간단하게 조절하기로 한다.

⬤ 금속 수소화물

그림 4-20에 보이는 것과 같은 장비를 이용하여 금속 수소화물에 대한 실험을 할 수 있다. 먼저 양쪽 실린더의 온도를 변화시켜서 양쪽의 압력이 달라지게 만든다. 중간에 있는 밸브는 양쪽의 압력을 같게 하거나 한 쪽의 압력을 올리기 위해 편의상 열거나 잠글 수 있다.

그림 4-21과 4-22는 실험이나 연료전지에 사용하기 위해 수소를 저장하는데 사용되는 금속 수소화물 실린더의 예이다.

금속 수소화물은 수송용 응용을 위한 수소 저장 기술의 하나이다. 하지만 소비자가 원하는 수준의 성능을 제공하기 위해서는 아직도 많은 기술 발전이 요구되고 있다.

퓨어 에너지 센터에서는 수소연료전지 하이브리드 전기자동차를 개발하고 있는데, 자동차에 수소를 저장하기 위해 수소화물 실린더를 이용하고, 사용한 수소화물 실린더는 다음에 설명할 고압의 압축수소 탱크를 이용하여 충전된다.

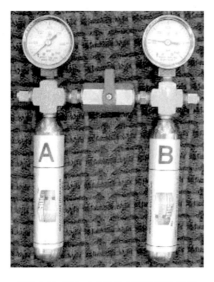

그림 4-20 금속 수소화물 실험을 위한 장비.

그림 4-21 금속 수소화물 실린더의 첫 번째 예.

그림 4-22 금속 수소화물 실린더의 두 번째 예.

그림 4-23 금속 수소화물 저장 기술을 적용한 퓨어 에너지 센터의 연료전지 자동차.

압축 수소 저장

수소를 저장하는 간단한 방법 중의 하나는 기체를 압축하는 것이다. 불행하게도 이 방법은 기체가 큰 부피를 차지한다는 단점이 있기는 하지만, 여전히 상대적으로 아주 간단한 저장 방법이다.

하지만 불행하게도 기체를 압축하는 데에는 에너지가 소모된다. 연료전지 과학자라면 수소를 압축하는데 소모되는 에너지가 연료전지 시스템을 운전하는 데 있어 경제성에 영향을 미칠 수 있으므로 이를 간과해서는 안 될 것이다.

퓨어와 해리 프로젝트는 신재생에너지를 이용하여 생산한 수소를 저장하는데 있어서 모두 압축 수소 저장기술을 사용하고 있다.

퓨어 센터에서는 고압에서 전기분해가 이루어져 수소가 생산되며, 이는 바로 수소 저장 실린더로 공급된다.

그림 4-24 퓨어 에너지 센터의 압축수소 저장 실린더.

그림 4-25 해리 프로젝트에서 사용하는 수소 압축기.
루퍼트 가몬 박사의 양해 하에 게재.

해리 프로젝트에서는 약간 다른 방식이 사용되고 있는데, 여기에서는 그림 4-25에 보이는 것과 같은 압축기를 이용하여 먼저 수소를 압축한 다음, 이를 그림 4-26에 보이는 수소 실린더에 저장한다.

수소를 이러한 방식으로 저장함으로써, 에너지의 수요와 공급을 맞추고, 여분의 에너지는 운송용 연료 생산에 사용하는 것이 가능하다.

그림 4-26 해리 프로젝트의 수소저장 실린더. 루퍼트 가몬 박사의 양해 하에 게재.

83

백금을 이용한 연료전지

PROJECT 13 : 나만의 백금 연료전지 만들기

💬 개요

1장에서 그로브가 만든 백금 전극을 이용한 최초의 연료전지를 본 기억이 날 것이다. 여러분에게 짧은 길이의 백금선만 있어도 그로브가 만든 최초의 가스 배터리를 만들어 볼 수 있다.

우리는 그로브가 실험에 썼던 위험한 황산 대신, 보다 안전한 물과 소금을 이용하여 실험할 것이다.

이러한 간단한 실험으로부터, 여러분은 연료전지의 기초 지식을 배우게 될 것이며, 이를 바탕으로 더욱 고급 지식을 흡수할 수 있게 될 것이다.

PROJECT 13

나만의 백금 연료전지 만들기

준비물

- 증류수를 가득 채운 작은 컵과 소금 한 줌

- 전압계

- 건전지

- 땜납

- 백금선

 힌트

백금 연료전지 실험에 사용할 작은 컵으로는 플라스틱 필름통과 같은 것이 좋다.

실험방법

백금 연료전지 만들기

작은 컵을 물로 가득 채우고, 소량의 소금을 넣는다. 소금은 그림 5-1과 같은 일반 식용 소금을 써도 충분하다.

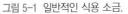

그림 5-1 일반적인 식용 소금.

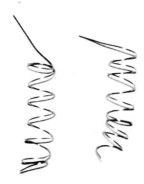

그림 5-2 스프링 모양으로 감은 백금선.

연료전지를 만들기 위해 백금선을 두 개로 자르고, 백금선을 둥근 막대를 이용해 스프링 모양으로 감아준다. 둥근 막대로는 멀티 미터의 탐침이나 볼펜심을 사용하면 적당하다. 이렇게 하면 스프링 모양의 백금선이 물에 잠기게 되고, 감지 않은 백금선보다 물과의 접촉면적이 더 넓어지게 된다.

이렇게 스프링 모양으로 백금선을 감으면 그림 5-2와 같이 될 것이다.

이제 두 개의 백금선을 컵의 반대편에 집어넣자. 악어집게를 이용하여 백금선과 컵을 집으면 고정이 되고, 그림 5-3과 같이 될 것이다.

악어집게는 백금선을 잡아주는 역할 뿐만 아니라, 백금선과 접촉이 잘 되어서 전기가 잘 통하게 한다(그림 5-4).

그림 5-3 컵의 양쪽에 악어집게로 백금선을 고정한 모습.

그림 5-4 악어집게로 백금선을 집은 부분을 확대한 사진.

백금선은 소금물에 잠겨 있어야 하지만, 악어집게는 잠기지 말아야 한다. 악어집게는 반응성이 큰 철로 만들어져 있기 때문에 만약 소금물에 잠기면 갈바니 전지로 작용할 수 있다. 백금은 반응성이 거의 없으므로, 전기가 발생한다면 이는 금속의 반응에 의한 것이 아니고 수소와 산소로부터 얻어진 것이다.

● 사전 확인 실험

백금 연료전지에서 발생한 전압이 갈바니 전지에 의한 것이 아니고, 발생한 수소와 산소에 의한 것인지를 확인하고 싶다면 소금물에 잠긴 두 개의 백금선 사이의 전압을 측정하면 된다.

전압계의 감도를 최고로 두고, 전압을 재어 보자. 제대로 구성이 되었다면 0 V가 측정될 것이다.

● 수소와 산소 만들기

사전 확인 실험을 통과했다면 이제 백금 연료전지를 충전할 준비가 되었다. 백금선을 건전지에 연결하면 두 개의 백금선에서 기체방울들이 생길 것이다. 건전지는 2

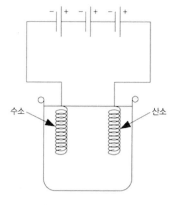

그림 5-5 수소와 산소를 발생시키는 장치의 구성도.

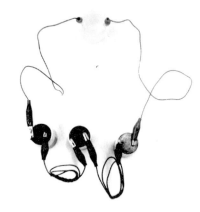

그림 5-6 전기분해를 위해 구성한 장치의 사진.

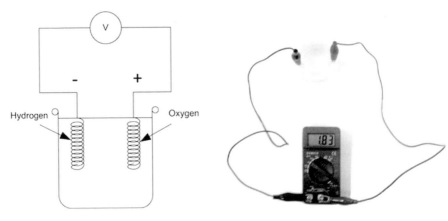

그림 5-7 백금 연료전지에 연결된 전압계.　　　그림 5-8 전기를 생산하는 백금 연료전지.

V짜리 납축전지 3개를 직렬로 연결하여 사용하거나 1.5 V짜리 건전지 4개를 직렬로 연결하여 사용하면 된다. 이상과 같이 하면 3장에서 배웠던 물의 전기분해 반응을 일으킬 수 있다.

장치의 구성도는 그림 5-5에 나타내었으며, 사진은 그림 5-6과 같다.

이제 그림 5-7에 보이는 것처럼 두 개의 백금선 사이에 전압계를 연결하자.

전압계의 감도를 최고로 하고 측정하면, 그림 5-8에 보이는 것처럼 전압이 측정될 것이다.

전기분해를 하는 동안과 연료전지 실험을 하는 동안 계속해서 백금선을 관찰해 보자. 두 개의 백금선에 붙어 있는 기체 방울의 양이 어떻게 변하는지 보이는가? 백금선 둘 중 하나가 나머지 하나보다 기체방울의 양이 더 많은가? 그림 5-9a와 그림 5-9b는 전기분해가 일어나는 동안에 두 개의 백금선 전극의 모습을 확대한 사진이다.

3장의 전기분해 실험에서 이미 보았듯이, 플러스 전하를 띤 양이온은 환원극으로 이동하고, 마이너스 전하를 띤 음전하는 산화극으로 이동한다. 이러한 양이온과 음이온이 각각의 전극에 도달하게 되면 띠고 있는 전하를 전극에 넘겨 주게 되는데, 이러한 전하의 이동을 통해 소금물에서 전류가 흐르게 된다.

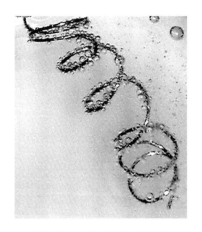

그림 5-9 (a) 산소 전극의 확대 사진.　　　　　　　(b) 수소 전극의 확대 사진.

일단 기체가 생성되면, 그 기체는 백금선 전극에 붙어있게 된다. 일종의 가장 원초적인 수소 저장이라고 할 수 있지만, 이 방법으로는 많은 양의 수소를 저장하는 것은 물론 불가능하다.

백금선 전극 표면에 일단 수소와 산소 기체방울이 생기게 되면 전압계를 연결하여 전기회로를 형성해 줌으로써 다시 수소와 산소를 소모하는 연료전지 반응을 일으킬 수 있다.

이 과정에서 백금이 촉매로 작용하여 수소를 수소이온과 전자로 나누는데, 이 전

Anode (+)　Cathode (-)

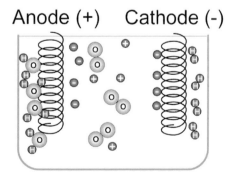

그림 5-10 백금 연료전지의 전기화학. 환원극에서 수소가 생성되고 산화극에서 산소가 생성된다.

자는 전극을 타고 전기회로로 흘러 들어간다. 산화극에서는 산소 기체가 전극으로부터 공급받은 전자 그리고 용액 중의 수소이온과 결합하여 물을 생성한다.

이 과정은 그림 5-10에 설명되어 있다.

백금의 촉매작용에 대한 확인

백금은 그 촉매적 성질이 매우 독특하다. 그래서 많은 산업 공정에서 이용될 뿐만 아니라 자동차의 배기가스 저감을 위한 촉매변환기에도 사용되고 있다.

하지만 불행하게도 백금은 매우 비싼 물질이다. 만약 우리가 백금 대신에 다른 물질을 쓸 수만 있다면 아주 좋겠지만 그것은 매우 어려운 이야기이며, 현재로서는 불가능하다. 백금선 말고 다른 금속으로 된 선을 사용해 보자. 물의 전기분해는 관찰할 수 있겠지만, 전압계를 연결하여도 연료전지 반응에 의한 전압은 전혀 측정되지 않을 것이다.

웹사이트

아래는 백금 연료전지에 대한 유사한 실험이 설명되어 있는 사이트이다.

- www.scitoys.com/scitoys/scitoys/echem/fuel_cell/fuel_cell.html

더 자세한 내용은

그림 5-11에 있는 그로브의 최초의 가스 배터리를 살펴보자. 그로브는 높은 전압을 만들기 위해 여러 개의 전지를 직렬로 연결하였다. 어떻게 하면 우리도 여러 개의 전지를 가지는 백금 연료전지를 만들 수 있을까? 만약 플라스틱으로 된 시험관을

여러 개 구할 수 있다면, 유리가 아니므로 여기에 안전하게 구멍을 뚫을 수 있을 것이고, 이것들을 연결하여 여러 개의 전지를 가지는 백금 연료전지를 만들 수 있을 것이다. 이 책의 후반부에서 우리는 여러 개의 연료전지를 묶은 스택(stack)을 보게 될 것인데, 그로브의 가스 배터리의 구조와 원리를 잘 기억해 두기를 바란다.

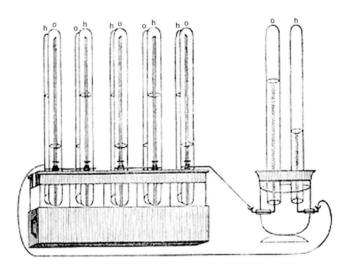

그림 5-11 그로브의 가스 배터리.

CHAPTER **6**

FUEL CELL PROJECTS

알칼리 연료전지

PROJECT 14 : 알칼리 연료전지로 전기 만들기

PROJECT 15 : 알칼리 연료전지의 전류─전압 곡선 그리기

PROJECT 16 : 알칼리 연료전지의 전력 곡선 그리기

PROJECT 17 : 여러 가지 알칼리 전해질의 성능 비교

PROJECT 18 : 여러 가지 '수소 저장물질'의 성능 비교

PROJECT 19 : 알칼리 연료전지 성능에 대한 온도의 영향

PROJECT 20 : 알칼리 연료전지의 피독

PROJECT 21 : 알칼리 연료전지에서의 산소의 공급

PROJECT 22 : 환원극에서 여러 가지 기체를 사용할
　　　　　　경우의 비교

PROJECT 23 : 알칼리 연료전지에서의
　　　　　　반응속도(산소의 소모속도) 측정

1장에서 초기 연료전지의 개발에 있어 캠브리지 대학의 프란시스 베이컨에 의해 개발된 알칼리 연료전지가 얼마나 중요한 역할을 했는지 살펴본 바 있다. 베이컨은 자신이 개발한 이것을 '베이컨 전지'라고 불렀다. 이 장을 읽어 보면 알칼리 연료전지가 얼마나 우수한 연료전지 시스템인지 알게 될 것이다. 그림 6-1은 초기의 우주탐사 프로젝트에 사용되었던 연료전지이다.

우주에서 사용된 알칼리 연료전지의 장점 중의 하나는 우리가 이미 수소와 산소를 가지고 있으며, 반응에 의해 생성된 물을 우주인이 마실 수 있다는 것이다.

알칼리 연료전지의 화학반응은 이 책에서 다루는 다른 연료전지와는 조금 다르다. 고분자전해질 연료전지에서는 양성자(수소이온)가 전해질막을 통해서 이동하고, 전자가 외부로 이동하여 전기회로가 완성된다. 알칼리 연료전지에서는 수산이온(OH^-)이 수용성 전해질을 통해 이동하며, 수소와 산소 반응의 생성물인 물은 산화극, 즉 수소가 공급되는 곳에서 생성된다. 여러분이 알다시피 다른 연료전지에서는 물이 환원극, 즉 산소가 공급되는 곳에서 생성된다.

알칼리 연료전지의 각각의 전극에서 일어나는 반응을 살펴보면 그림 6-2와 같다.

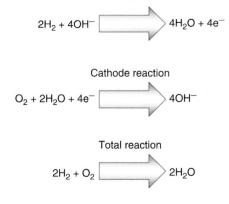

Anode reaction

$$2H_2 + 4OH^- \longrightarrow 4H_2O + 4e^-$$

Cathode reaction

$$O_2 + 2H_2O + 4e^- \longrightarrow 4OH^-$$

Total reaction

$$2H_2 + O_2 \longrightarrow 2H_2O$$

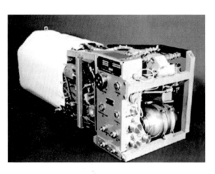

그림 6-1 우주탐사 계획에 사용된 초기의 알칼리 연료전지. NASA의 양해 하에 게재.

그림 6-2 알칼리 연료전지에서의 화학반응.

● 산화극에서의 반응

수소가 산화되며, 그 과정에서 전자를 내어 놓는다.

● 환원극에서의 반응

산소가 환원되면서 수산이온을 생성한다. 생성된 수산이온은 알칼리 연료전지의 전해질을 통해 산화극으로 이동한다.

즉, 산화 반응과 환원 반응이 동시에 일어나게 된다. 앞에서 배운 'LEO가 GER라고 트림한다'가 기억나는가?

그림 6-4는 알칼리 연료전지의 구조와 작동을 보여주는데 생성된 물이 산화극으로 배출되는 것을 볼 수 있다.

그림 6-4에 각 전극에서 일어나는 화학반응을 추가한 것을 그림 6-5에 나타내었다.

수소가 왼쪽 위에서 공급되고, 산소는 오른쪽 위에서 공급된다. 그리고 전자가 산화극으로부터 흘러나와서 외부의 전기회로를 거쳐 환원극으로 이동하는 것을 볼 수 있다. 환원극에서 산소로부터 전자와 수산이온이 만들어지는 것을 볼 수 있고,

그림 6-3 산화반응과 환원반응
(LEO 가 기억나는가?).

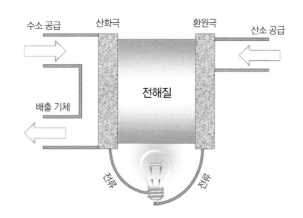

그림 6-4 알칼리 연료전지의 구조.

생성된 수산이온은 전해질을 통해 환원극으로 이동한다. 환원극에서는 수소와 전자 그리고 수산이온이 만나서 연료전지 반응의 최종 생성물인 물이 만들어진다.

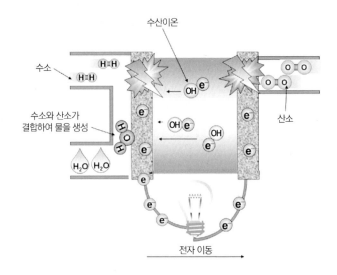

그림 6-5 알칼리 연료전지의 내부에서 일어나는 화학반응들.

PROJECT 14

알칼리 연료전지로 전기 만들기

이제 진짜로 알칼리 연료전지를 만들어보자. 먼저 우리가 만든 알칼리 연료전지로 전기를 만들 수 있는지 확인해 본 다음 알칼리 연료전지의 특성을 이해하기 위한 몇 가지 간단한 실험을 해 보도록 하자.

준비물

- 미니 알칼리 연료전지(Fuel Cell Store P/N: 530709)

- 수산화칼륨(Fuel Cell Store P/N: 500200)

- 수소화붕소나트륨(Fuel Cell Store P/N: 560109)

- 멀티 미터(Fuel Cell Store P/N: 596007)

필요한 도구

- 작은 시약 수저

- 정확한 저울

- 눈금 있는 1 리터 비커

그림 6-6 조립된 미니 알칼리 연료전지.

그림 6-7 미니 알칼리 연료전지의 산화극.

조립된 미니 알칼리 연료전지는 그림 6-6과 같이 생겼다. 연료전지의 윗부분에 단자와 잘라낸 부분이 있는 것이 보일 텐데, 이 두 부분이 잘 맞는지 확인한다.

미니 알칼리 연료전지의 산화극은 그림 6-7에 보이는 것과 같이 용기의 투명한 쪽이다.

용기의 내부를 들여다 보면, 용기의 바닥에 그림 6-8과 같은 사각형이 붙어 있는 것을 볼 수 있는데, 이것은 산화극 전극이며 산화극 단자에 연결되어 있다. 산화극 단자는 그림 6-8에 나타난 것과 같이 4 mm 바나나 잭을 끼우도록 만들어져 있다.

그림 6-9는 용기와 함께 제공되는 빨간색 용기로, 연료전지의 환원극 부품이다.

그림 6-10을 보면 빨간색 용기의 바닥 부분에 산화극과 비슷한 형태를 가진 부분이 있는 것을 볼 수 있을 텐데, 이것은 환원극이다. 환원극 역시 환원극 단자에 연결되어 있으며, 환원극 단자도 4 mm 바나나 잭을 끼우도록 되어 있다.

그림 6-11에는 미니 알칼리 연료전지의 단면도를 나타내었는데, 두 개의 전극이 서로 반대 방향에 위치하고 있음을 알 수 있다.

그림 6-5에서 보았던 내용을 기억해 보고, 이것을 지금의 미니 알칼리 연료전지와 연관지어서 생각해 보도록 하자. 산소는 연료전지의 가운데 부분으로 공급될 것임을 예상할 수 있다. 하지만 수소는 어디로 공급될까? 이 알칼리 연료전지는 전해질

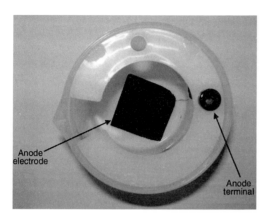

그림 6-8 산화극 및 산화극 단자의 위치.

그림 6-9 미니 알칼리 연료전지의 환원극.

용액 내에 녹아 있는 화학물질로부터 수소를 공급받게 되어 있다.

우리는 4장에서 수소 저장물질의 하나로서 화학적 수소화물인 수소화붕소나트륨에 대해 배운 적이 있는데, 바로 여기에서 수소화붕소나트륨이 수소 공급원으로 사용되고 있다.

그림 6-12와 같은 소량의 수소화붕소나트륨이 필요하다.

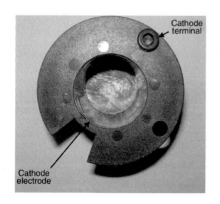

그림 6-10 환원극 및 환원극 단자의 위치.

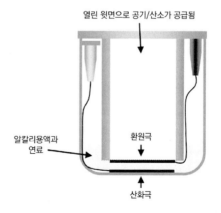

그림 6-11 미니 알칼리 연료전지의 단면도.

이 장의 뒷부분에서 몇 가지 다른 수소 저장물질을 비교하겠지만, 지금은 성능이 잘 나오는 물질을 사용하기로 하자. 수소화붕소나트륨을 덜기에는 작은 시약 수저가 좋다.

> **⚠ 주의**
>
> 만약 수소화붕소나트륨을 우편으로 주문하려고 하면, 대부분의 나라에서는 '위험물 운송'에 속하므로 우편료가 추가될 수 있다. 그러므로 얼만큼의 양을 주문할 것인지 잘 생각할 필요가 있다.

이제 알칼리 연료전지에 대해 어느 정도 알게 되었을 텐데, 여러분은 그렇다면 알칼리가 어디 있는지 궁금할 것이다. 그 답은 '수산화칼륨의 형태로 알칼리가 공급된다'이다.

그림 6-14는 수산화칼륨 봉지를 보여준다. 만약 수산화칼륨을 구할 수 없으면, 비슷한 수산화알칼리 물질 아무 것이나 사용해도 된다. 하지만 이 장의 후반부 실험에서 알게 되듯이 다른 수산화알칼리 물질은 작동은 하지만 수산화칼륨에 비해 성능

그림 6-12 수소화붕소나트륨, 미니 알칼리 연료전지의 수소공급원.

그림 6-13 아주 작은 시약수저, 수소화붕소나트륨을 덜기에 적합하다.

그림 6-14 수산화칼륨.

알칼리 용액이 이 선을 넘지 않게 주의

그림 6-15 이 선을 넘지 않도록 수산화칼륨 용액을 채운다.

이 낮다.

이제 1 M(액체에 용해된 고체 물질의 액체 중 농도를 표현하는 단위로서 물 1 리터 중에 고체 1 몰에 해당하는 무게가 녹아 있으면 1 M임)의 농도를 가지는 수산화칼륨 용액을 만들어보자. 방법은 수산화칼륨 56 g을 먼저 1 리터 비커에 넣고 물을 부어 1 리터를 만들면 된다. 여기에서 수산화칼륨 1 몰의 무게는 56.10564 g인 것을 명심하자.

여기에서 65 ml를 덜어서 연료전지 용기에 채우면 된다.

 주의

65 ml의 수산화칼륨 용액만 넣으면, 위의 미니 알칼리 연료전지는 어떠한 상황에서도 잘 작동할 것이다. 하지만 그림 6-15에 나타낸 선을 절대로 넘지 않을 것을 다시 한 번 당부하며, 선을 넘지 않는다면 거의 선 근처까지 채우더라도 문제가 없다.

힌트

연료전지에 사용하는 전해질 용액이 처음에 검은색으로 변하더라도 놀라거나 두려워하지 말기 바랍니다! 탄소천으로 된 전극에서 검은색의 탄소가 소량 녹아 나오기 때문에 그런 것입니다. 정상적인 현상이니 당황할 필요 없습니다.

작은 시약 수저를 이용해서 소량의 수소화붕소나트륨을 전해질 용액에 넣어 주도록 합시다. 크게 위험한 일은 없습니다.

이제는 그냥 환원극 부분을 산화극 부분에 담그기만 하면 됩니다. 그리고 연료전지를 전압계에 연결합니다. 연료전지와 전압계를 연결한 모습은 그림 6-16과 같으며, 이 때 전기회로는 그림 6-17과 같이 구성됩니다.

그림 6-16 전압계에 연결된 알칼리 연료전지.

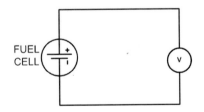

그림 6-17 알칼리 연료전지와 전압계를 연결하는 회로도.

PROJECT 15

알칼리 연료전지의 전류-전압 곡선 그리기

준비물

- 미니 알칼리 연료전지(Fuel Cell Store P/N: 530709)

- 수산화칼륨(Fuel Cell Store P/N: 500200)

- 수소화붕소나트륨(Fuel Cell Store P/N: 560109)

- 멀티 미터 2개(Fuel Cell Store P/N: 596007)

- 가변저항

필요한 도구

- 작은 시약 수저

- 정확한 저울

- 눈금 있는 1 리터 비커

이번 프로젝트에서는 지난번 프로젝트에서 실험한 것과 동일한 알칼리 연료전지를 사용하여 실험할 것이지만 연료전지의 성능을 측정하기 위해 사용하는 방법은 조금 다르다. 먼저 연료전지를 가변저항에 연결하는데, 연료전지에 걸리는 전압은 전압계로 측정하고, 가변저항을 통해 흐르는 전류도 측정하고자 한다. 가변저항의 저항값을 바꿀 때는 저항을 회로에서 분리한 후, 재빨리 저항을 측정하고 이를 기록하도록 하자. 저항값들을 기억할 수도 있겠지만, 이는 과학영재의 자세로서는 별로 좋은 태도가 아니다. 저항값을 측정하고 기록한 후에는 재빨리 전기회로를 원래대로 연결한다. 그리고 전류와 전압을 측정하고(반드시) 기록하자.

측정결과들을 기록하는 것은 과학자로서 매우 훌륭한 습관이라고 생각하기에, 여러분이 측정값을 적을 수 있도록 표 6-1을 책에 만들어 두었다.

알칼리 연료전지의 전류-전압 그래프를 그려볼 것인데, 이를 위해서는 먼저 여러 가지의 전류-전압값들을 측정해야 한다. 이를 위해 장비를 연결한 것을 그림 6-18에 나타내었으며, 전기회로는 그림 6-19에 나타내었다.

곡선의 그래프를 그리는 것에는 두 가지 방법이 있다. 간단한 방법은 종이와 연필을 사용하는 것인데, 그림 6-20의 그래프에 각각의 전류-전압값에 해당하는 점들을 찍은 후 연결하면 된다. 다른 하나의 방법은 컴퓨터의 엑셀과 같은 프로그램을 이용하여 컴퓨터로 그래프를 그리는 것이다.

표 6-1 알칼리 연료전지의 저항값, 전류 그리고 전압을 기록한다

저항값(R) 오옴(Ω)	전압(V) 볼트(V)	전류(I) 암페어(A)
Ω	V	A
Ω	V	A
Ω	V	A
Ω	V	A
Ω	V	A
Ω	V	A
Ω	V	A
Ω	V	A
Ω	V	A

힌트

그래프의 y축에 전압을 표시한 것이 보일 것이다. 선생님들은 학생들이 그래프를 그릴 때 항상 내가 변화시키는 대상을 x축에 그리도록 하셨다. 수업시간에 우리가 그래프를 그릴 때면 언제나 'x축에 변화시키는 대상을'이라고 알려주셨다. 그렇지만 연료전지의 전류-전압곡선에서는 저항값의 조절에 의해 전압을 조절하고 그에 따른 전류값을 측정하고 있다. 원칙에 따르면 전압이 x축이 되어야 하지만 편의상 전류를 x축에 사용하고 있다. 하지만 그래프를 그리는 일반적인 규칙은 내가 변화시키는 대상을 x축에 그리는 것임을 명심하자.

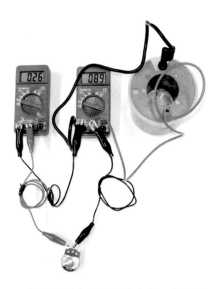

그림 6-18 알칼리 연료전지의 전류-전압값을 측정하기 위한 구성도.

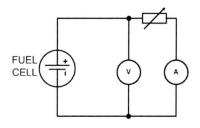

그림 6-19 알칼리 연료전지의 전류-전압값을 측정하기 위한 회로도.

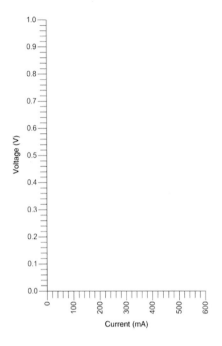

그림 6-20 알칼리 연료전지의 전류–전압 곡선을 그리기 위한 빈 그래프.

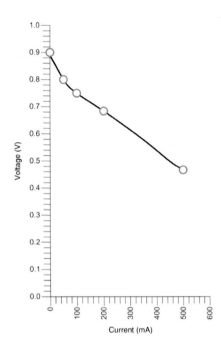

그림 6-21 알칼리 연료전지의 전류–전압 곡선의 예.

PROJECT 16

알칼리 연료전지의 전력 곡선 그리기

준비물

- 미니 알칼리 연료전지(Fuel Cell Store P/N: 530709)

- 수산화칼륨(Fuel Cell Store P/N: 500200)

- 수산화붕소나트륨(Fuel Cell Store P/N: 560109)

- 멀티 미터 2개(Fuel Cell Store P/N: 596007)

- 가변저항

필요한 도구

- 작은 시약 수저

- 정확한 저울

- 눈금 있는 1 리터 비커

우리는 바로 앞의 프로젝트에서 얻었던 전류-전압값을 이번 프로젝트에서 그대로 사용해서 알칼리 연료전지의 다른 특성을 살펴볼 것이다.

바로 전 프로젝트의 실험을 하지 않았다면, 전류-전압값을 얻기 위해 지금 바로 이전의 실험을 하기를 권한다.

이전 프로젝트의 전류-전압값을 표 6-2에 옮겨 적자.

일단 전류와 전압값을 옮겨 적었다면 이를 이용하여 전력을 계산할 수 있을 것이다. 직류전원에서의 전력 계산은 아주 쉬운데, 전압(볼트, V)과 전류(암페어, A)를 곱하면 전력(와트, W)이 얻어진다.

표 6-2 알칼리 연료전지의 전류, 전압 그리고 전력

전압(V) 볼트(V)	전류(I) 암페어(A)	전력(P) 와트(W)
V	A	W
V	A	W
V	A	W
V	A	W
V	A	W
V	A	W

이제 그림 6-22의 빈 그래프에 알칼리 연료전지의 전력 곡선을 그려보자. 만약 알칼리 용액의 종류에 따라 전력이 너무 크게 변화하면 그래프의 축범위를 조정할 필요가 있다. 알칼리 연료전지의 전력 곡선은 그림 6-23과 같은 형태로 나타나게 된다.

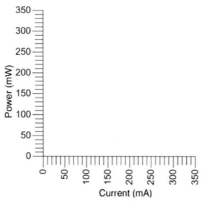

그림 6-22 전력 곡선을 그리기 위한 빈 그래프.

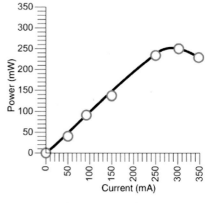

그림 6-23 전력 곡선의 예.

PROJECT 17

여러 가지 알칼리 전해질의 성능 비교

준비물

- 미니 알칼리 연료전지(Fuel Cell Store P/N: 530709)

- 수산화칼륨(Fuel Cell Store P/N: 500200)

- 수산화나트륨(배수관 세정제)

- 수소화붕소나트륨(Fuel Cell Store P/N: 560109)

- 멀티 미터 2개(Fuel Cell Store P/N: 596007)

- 가변저항

이번에는 수산화칼륨(이전 실험에 사용한 수산화알칼리)과 수산화나트륨같이 서로 다른 두 개의 알칼리 용액을 전해질로 사용할 때, 알칼리 연료전지의 성능을 비교해 보도록 하자. 정확한 실험을 위해서 동일한 수소화붕소나트륨 용액을 각각의 실험에 사용한다. 첫 번째 실험에서는 수산화나트륨을 이용해 보자. 1 M의 수산화나트륨 용액을 만들기 위해서, 먼저 40 g의 수산화나트륨을 비커에 넣고 물을 부어 1리터로 만든다. 수산화나트륨 1몰의 무게는 40 g이다. 이 용액 65 ml를 연료전지 용기에 붓는데, 이 때 정해진 선을 넘지 않도록 주의한다. 그림 6-19의 전기회로와 같이 연료전지를 구성한다. 원하는 저항값을 맞춘 후 전류가 흐르도록 연료전지를 연결한다. 전류가 안정될 때까지 기다린 후, 전압과 전류를 측정하여 기록한다.

이제 전해질 수산화칼륨 용액으로 바꾼 후 동일한 저항값으로 위의 실험을 반복한다. 실험한 결과는 표 6-3에 기록하도록 한다.

표 6-3 알칼리 용액의 변화에 따른 알칼리 연료전지의 성능 비교

	전압(V)	전류(A)
수산화나트륨(NaOH)	V	A
수산화칼륨(KOH)	V	A

PROJECT 18

여러 가지 '수소 저장물질'의 성능 비교

준비물

- 미니 알칼리 연료전지(Fuel Cell Store P/N: 530709)

- 수산화칼륨(Fuel Cell Store P/N: 500200)

- 수소화붕소나트륨(Fuel Cell Store P/N: 560109)

- 메탄올

- 에탄올

- 알코올 성분이 있는 술

- 멀티 미터 2개(Fuel Cell Store P/N: 596007)

- 가변저항

이번 실험에서는 알칼리 연료전지에서 수소의 공급원으로 사용될 수 있는 여러 가지 액체를 사용하여 각각의 연료전지 성능을 비교해 보도록 하자. 각각의 실험에는 이전의 실험과 동일하게 1 M의 농도를 가지는 수산화칼륨 용액을 전해질 용액으로 사용한다. 그리고 이미 수소화붕소나트륨을 이용한 이전의 실험들을 했다면 그 결과를 그냥 사용해도 무방하다. 먼저 연료(수소공급 물질의 용액)가 담긴 용기를 깨끗하게 세척하고 난 후에 메탄올 용액을 채워 사용하도록 한다. 시험 방법은 바로 앞의 프로젝트와 동일하다. 메탄올 용액을 이용하여 연료전지의 성능을 측정한 후에는 역시 연료 용기를 세척한 후 에탄올 용액을 채우고 연료전지의 성능 평가를 반복한다. 다음으로 실험할만한 재미있는 연료는 술이다. 물론 우리가 마실 것은 절대 아니고, 알칼리 연료전지에 수소를 공급할 목적으로 필요하다. 알코올 함량이 높은 술을 연료전지에 공급하면 역시 전류와 전압이 발생하는 것을 볼 수 있을 것이다.

표 6-4 여러 가지 수소 저장물질에 대한 알칼리 연료전지의 성능 비교

	전압(V)	전류(A)
메탄올(CH_3OH)	V	A
에탄올(C_2H_5OH)	V	A
수소화붕소나트륨($NaBH_4$)	V	A

PROJECT 19

알칼리 연료전지 성능에 대한 온도의 영향

준비물

- 미니 알칼리 연료전지(Fuel Cell Store P/N: 530709)

- 수산화칼륨(Fuel Cell Store P/N: 500200)

- 멀티 미터(Fuel Cell Store P/N: 596007)

- 주전자

- 각얼음

- 온도계

- 메탄올

이번에는 알칼리 연료전지의 작동 온도를 바꾸면서 연료전지의 성능이 어떻게 변하는지 관찰해 보도록 하자. 이번 실험을 위해서는 알칼리 연료전지의 아랫부분을 담글 수 있을 정도로 큰 수조가 필요하다. 각얼음과 주전자의 뜨거운 물을 이용하여 연료전지가 담긴 수조의 온도를 원하는 대로 조절할 수 있다. 이번 실험에서는 수조의 온도를 섭씨 0도와 50도 사이에서 조절해 보도록 하자.

> **주의**
>
> 연료전지의 온도가 섭씨 50도를 넘지 않도록 주의한다. 만약 섭씨 50도 이상의 온도에 알칼리 연료전지가 노출되면 부품에 영구적인 손상이 발생할 수도 있다.

알칼리 연료전지의 연료로는 10 ml의 메탄올을 사용한다. 먼저 각얼음통에 메탄올 병을 꽂아서 메탄올을 미리 차게 만든다. 전류계를 연료전지의 산화극과 환원극 단자에 직접 연결한다. 온도계를 이용하여 전해질 용액의 온도를 측정한 후 표 6-5에 기록한다. 여러 가지 온도에서 연료전지의 성능을 측정하였으면 그 결과를 그림 6-25의 그래프에 그려보도록 하자.

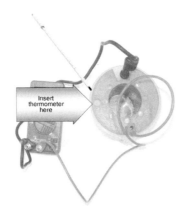

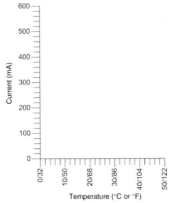

그림 6-24 온도계를 이 부분에 꽂아 전해질의 온도를 측정한다.

그림 6-25 여러 가지 온도에서의 알칼리 연료전지의 성능을 비교한 그래프.

표 6-5 여러 가지 온도에서의 알칼리 연료전지의 성능 비교

온도(℃)	전류(mA)
℃	mA
℃	mA
℃	mA
℃	mA
℃	mA

PROJECT 20

알칼리 연료전지의 피독

준비물

- 식초

- 배이킹 소다($NaHCO_3$)

- 석회수(포화된 수산화칼슘 수용액, CaOH)

필요한 도구

- 가지 달린 삼각플라스크

- 길다란 유리 깔때기

- 두 번 휘어진 유리관

- 수조

이번 실험에서는 알칼리 연료전지의 피독에 대해 실험해 보도록 하자. 알칼리 연료전지의 큰 문제점 중의 하나는 공기 중의 불순물에 매우 민감하게 반응한다는 것인데, 이는 알칼리 연료전지에 사용되는 알칼리 수용액 전해질이 공기 중의 이산화탄소를 매우 잘 흡수하기 때문이다.

이번 실험에서는 어떻게 알칼리 수용액 전해질이 공기 중의 이산화탄소에 의해 피독되는지를 관찰할 것인데, 이 실험을 위해서는 먼저 이산화탄소가 필요하다.

이산화탄소는 식초와 식용소다를 반응시키면 만들 수 있는데, 식용소다 대신에 조개 껍질을 부수어서 사용해도 된다. 이렇게 반응을 시키면 거품을 내면서 이산화탄소가 발생하는 것을 볼 수 있을 것인데, 이것으로 알칼리 연료전지의 알칼리 전해질 용액을 피독시킬 수 있다.

우리가 피독시켜 볼 알칼리 전해질 용액은 석회수(포화된 수산화칼슘 용액)이다.

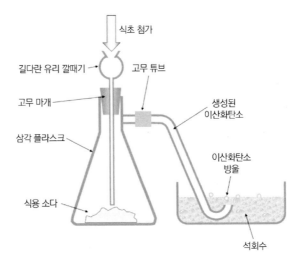

그림 6-26 이산화탄소에 의한 석회수 전해질 용액의 피독.

PROJECT 21

알칼리 연료전지에서의 산소의 공급

준비물

- 미니 알칼리 연료전지(Fuel Cell Store P/N: 530709)

- 수산화칼륨(Fuel Cell Store P/N: 500200)

- 수소화붕소나트륨(Fuel Cell Store P/N: 560109)

- 멀티 미터(Fuel Cell Store P/N: 596007)

이번에는 알칼리 연료전지에 산소가 공급되는 것을 막아서, 과연 연료전지가 잘 작동되는지 확인해 보도록 하자. 수소화붕소나트륨 또는 메탄올을 연료로 하고, 이전의 성능평가에 사용한 것과 같이 연료전지 및 전기회로를 구성한다. 그리고 붉은색 환원극 안에 증류수를 환원극을 덮을 정도로 소량 넣는다. 이제 연료전지의 성능을 측정해 보면 전혀 전기가 생산되지 않는 것을 확인할 수 있다.

증류수

알칼리
용액과
연료

그림 6-27 물이 환원극으로의 산소공급을 차단한다.

결론

이로부터 연료전지가 작동하기 위해서는 환원극 쪽에 지속적으로 산소가 공급되어야 함을 알 수 있다.

PROJECT 22

환원극에서 여러 가지 기체를 사용할 경우의 비교

준비물

- 미니 알칼리 연료전지(Fuel Cell Store P/N: 530709)

- 수산화칼륨(Fuel Cell Store P/N: 500200)

- 수소화붕소나트륨(Fuel Cell Store P/N: 560109)

- 멀티 미터(Fuel Cell Store P/N: 596007)

- 여러 가지 기체들

- 고무 마개와 유리관

학교의 과학실험실에서 여러 종류의 기체를 구할 수 있다면, 알칼리 연료전지의 환원극에 여러 가지 기체를 공급하여 비교하는 실험을 해 볼 수 있다. 미니 알칼리 연료전지는 다목적으로 설계되어 있어서, 빨간색 환원극 부품의 윗부분을 구멍 뚫린 고무마개로 막고 이 구멍을 통해 유리관을 끼우면 원하는 기체를 환원극에 공급할 수 있다(그림 6-28 참조). 공기 대신에 순수한 산소를 공급하여, 알칼리 연료전지의 성능이 어떻게 변하는지 확인해 보자. 앞에서 배운 대로 이산화탄소를 만들어서 이산화탄소가 환원극에 공급되면 어떤 일이 생기는지 확인해 보자. 이 외에도 다른 기체를 구할 수 있다면 환원극에 공급하여 무슨 일이 생기는지 확인해 보자. 수소를 환원극에 넣어주면 무슨 일이 생길까?

● 결론

연료전지가 작동하기 위해서는 산소가 반드시 필요하며, 또한 공기 대신에 순수한 산소를 공급하면 연료전지의 성능이 더욱 향상되게 된다.

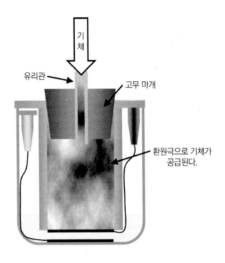

그림 6-28 고무 마개와 유리관을 이용하여 알칼리 연료전지의 환원극에 원하는 기체를 공급할 수 있다.

PROJECT 23

알칼리 연료전지에서의 반응속도(산소의 소모속도) 측정

준비물

- 미니 알칼리 연료전지(Fuel Cell Store P/N: 530709)

- 수산화칼륨(Fuel Cell Store P/N: 500200)

- 수소화붕소나트륨(Fuel Cell Store P/N: 560109)

- 멀티 미터(Fuel Cell Store P/N: 596007)

- 고무 마개와 유리관

- 길다란 고무관

- 피펫

- 가변저항

- 연결을 위한 전선

- 초시계

- 온도계

- 계산기

지난 번 실험에서 고무 마개를 실험에 이용하였는데, 여기에 고무관과 눈금이 매겨진 유리관을 추가로 이용하면 반응속도를 측정하는 것이 가능하다. 눈금이 매겨진

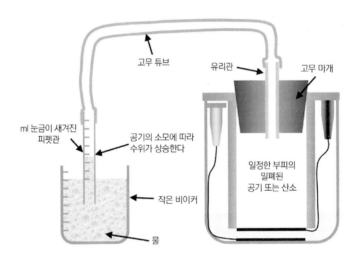

그림 6-29 알칼리 연료전지에서 산소의 소모량을 측정하기 위한 장치의 구성도.

유리관은 낡은 피펫을 이용하여 만들 수 있다.

실험을 위해서는 먼저 연료전지와 가변저항 그리고 전류계를 모두 직렬로 연결한다. 환원극의 윗부분에 고무 마개를 꼭 끼우는데, 이때 새는 곳이 없도록 주의한다. 피펫을 이용하여 만든 눈금 있는 유리관을 고무관의 한쪽에 끼운다. 그리고 고무관의 다른 쪽을 고무 마개에 끼워진 유리관에 끼운다. 피펫의 고무관이 끼워지지 않은 쪽을 작은 비커에 담근다. 이와 같이 장치를 구성하면 그림 6-29와 같이 될 것이다.

알칼리 연료전지는 반응의 진행에 따라 산소를 소모하므로, 반응이 진행되어 환원극에 연결된 밀폐된 공간 안의 산소가 소모되면 기체의 부피가 줄어들게 되고, 그 결과로서 피펫을 통해 물이 빨려 올라오게 된다. 이때 피펫의 눈금을 측정하면 산소가 얼마나 소모되었는지를 확인할 수 있다.

가변저항의 저항값은 충분한 전류가 흐를 수 있도록 유지하는 것이 좋다. 왜냐하면 전류가 흐르는 것은 산소가 소모되는 것을 뜻하기 때문이다.

피펫을 물에 담글 때, 피펫의 끝은 공기로 가득 차 있어서 물 밑의 피펫 내부도 공기로 차 있을 것이다. 알칼리 연료전지의 작동에 의해 산소가 소모되면, 피펫 내의 수위가 점점 상승하게 될 것인데, 수조의 수위와 피펫 내의 수위가 같아지면 초시계를 누르고 반응시간의 측정을 시작한다.

피펫에서의 수위를 측정해 보면 1 ml의 산소가 소모되는데 얼만큼의 시간이 걸리는지 알 수 있다. 산소가 소모됨에 따라 전류값이 줄어들 수 있는데, 이때는 가변저항을 조절해서 연료전지의 전류값을 일정

그림 6-30 반응시간을 재는 데 사용할 초시계.

하게 유지하면, 일정한 반응속도를 유지하는 것이 가능하다. 1 ml의 산소가 소모되는 시간을 측정하였다면, 물에 잠긴 피펫을 꺼내어 내부의 물을 제거한 후, 다시 실험을 반복한다. 동일한 실험을 3회 반복하고, 그 값들을 표 6-6에 기록하자.

이제 3회 실험한 결과의 평균값을 계산해 보자. 세 값을 모두 더한 후, 3으로 나누어 주면 될 것이다.

표 6-6 ml의 산소를 소모하는데 걸린 시간

	시간(초)
측정값 1	초
측정값 2	초
측정값 3	초

웹사이트

이제까지 해 본 것을 정리해 볼 필요가 있을 텐데, 여러 가지 표준 기호와 양식을 사용하면 정리하기가 쉽다. 이러한 과학적인 표기방식에 익숙하지 않다면, 자기가 하고 싶은 대로 표기할 수도 있다. 만약 과학적인 표기방식을 익히고 싶다면 위키피디아를 참고하기를 추천한다. 아래의 위키피디아 사이트는 언제나 도움이 될 것이다.

- En.wikipedia.org/wiki/Scientific_notation

⬤ 중요한 자료들

온도계에 대해 살펴보자. 상온은 보통 실내의 온도를 뜻한다. 우리가 사용하는 섭씨 온도(℃)는 절대온도(K, 켈빈)로 바꿀 수 있는데, 섭씨 온도에 273도를 더하면 절대온도가 된다.

우리가 주위에서 접하는 대기압은 100 킬로파스칼(kPa)이며, 이는 1×10^5 파스칼(Pa)과 같다.

이전에 1 ml의 산소가 소모되는 시간을 측정한 것이 기억날 것이다. 1 ml는 1 cm^{3}와 같은 부피이며 1×10^{-6} m^{3}에 해당한다.

그 다음은 조금 복잡한 개념인 기체상수가 있다. 기체상수는 기체의 압력, 부피, 온도 그리고 몰 수를 연관 지어주는 상수로서 아래의 이상기체 방정식에서 대단히 중요하다. 국제단위계(SI 단위)에 따른 기체상수 값은 8.314472 m$^3 \cdot$Pa$\cdot$K$^{-1} \cdot$mol^{-1}(일반 단위계에서는 0.082 liter$\cdot$atm$\cdot$K$^{-1} \cdot$mol^{-1})이다.

이상기체 방정식은 $PV = nRT$ 이며, 여기에서 P는 절대압력, V는 기체의 부피, n은 기체의 몰 수, R은 앞에서 다룬 기체상수 그리고 T는 절대온도이다. 산소의 부피변화에 해당하는 몰 수를 찾기 위해 위의 식을 다시 정리하면 다음과 같다.

n = PV/RT

위의 식을 사용하면 산소의 소모된 몰 수를 계산하는 것이 가능하다. 기체 1몰에 포함된 기체의 개수는 6.02×10^{23}개이며, 이를 아보가드로 수라고 부른다. 아보가드로 수를 이용하면 몇 개의 산소 분자가 소모되었는지도 계산할 수 있다.

전하에 대해 살펴보면, 전기회로를 통해 흐르는 전하의 단위는 쿨롱(Coulomb)으로 표시한다. $Q=It$의 식을 기억하자. 여기에서 Q는 전하량(쿨롱, C), I는 전류(암페어, A), 그리고 t는 시간(초)이다. 앞에서 측정한 mA를 전하량 계산에 사용할 때에는 이를 A로 바꾸어야 하는 것을 잊지 말자.

자, 이제 훨씬 많은 것을 알게 되었으니 아래의 값들을 계산할 수 있을 것이다.

- 몇 개의 산소 분자가 소모되었는가?

- 몇 개의 전자가 전기회로를 통해 흘렀는가?

전기회로를 통해 흐른 전자의 숫자를 소모된 산소 분자의 개수로 나누어 보자.

실험이 정확하고, 계산이 바로 되었다면 약 4의 값이 나올 것이다.

● 결론

이 실험을 통해 한 개의 산소 분자가 소모될 때마다 네 개의 전자가 생성됨을 알 수 있으며, 산소의 소모량과 발생한 전력은 직접적으로 비례함 또한 알 수 있다.

웹사이트

알칼리 연료전지에 대해 더 많은 것을 알고 싶다면, 아래의 인터넷 사이트들을 방문해 보기 바란다. 보고서, 과학에세이 그리고 과학전시회를 위한 많은 좋은 연구 자료들을 찾을 수 있을 것이다.

- www.apolloenergysystems.com/
  아폴로 에너지 시스템-알칼리 연료전지 제조업체

- www.astris.ca/
  아스트리스 에너지-일칼리 연료선지 제조업체

- www.cenergie.com/
  씨에너지-알칼리 연료전지 제조업체

- www.independentpower.biz
  인디펜던트 파워-알칼리 연료전지 제조업체

- Mypages.surrey.ac.uk/chs1jv/
  영국의 서리 대학교의 존 바르코 교수의 웹사이트에는 알칼리 연료전지에 대해 많은 연구 자료들이 있다.

CHAPTER **7**

고분자전해질
연료전지

PROJECT 24 : 연료전지의 분해
PROJECT 25 : MEA의 백금 담지량의 영향
PROJECT 26 : 산소 및 공기를 이용한 실험
PROJECT 27 : 나만의 미니 연료전지 만들기

FUEL CELL PROJECTS

'고분자전해질(PEM) 연료전지란 무엇일까?'라는 질문을 한다면 답변하는 사람에 따라 여러 가지 답변이 가능할 것이다. 어떤 사람은 고분자전해질(Polymer Electrolyte Membrane)을 사용하는 연료전지라고 대답할 것이고, 다른 사람은 양성자 교환막(Proton Exchange Membrane)을 사용하는 연료전지라고 대답할 것이다. 고분자전해질 연료전지는 저온에서도 잘 작동하기 때문에 아주 다양한 용도를 가지고 있다.

또한, 이러한 성질로 인해 상온에서 가정이나 학교의 실험실에서 실험하기가 매우 용이하다. 이 책에서 볼 다른 고온형 연료전지의 경우는 작동을 위해 엄청난 가열을 요구한다.

모든 연료전지에 있어서 그 연료전지 반응은 내부에서 일어나며, 이는 수소의 산화에 의해 발생한 에너지를 전기의 형태로 외부로 방출한다. 이것은 불꽃연소의 형태로 산화되는 반응에 의해 열에너지를 방출하는 것과는 다르며, 연소에 의한 산화는 그 에너지 효율이 매우 낮다.

고분자전해질 연료전지의 단점 중 하나는 일산화탄소와 금속 이온에 의해 쉽게 피독이 된다는 것이다. 이는 연료전지가 순도가 낮은 수소의 사용에 매우 민감하여 성능이 낮아지고, 또한 한 번 연료전지의 부품에 손상이 가면 수리하기가 매우 어렵다는 것을 뜻한다.

💬 고분자전해질 연료전지는 어떻게 작동되는가?

그림 7-1은 고분자전해질 연료전지의 구성을 도식적으로 표현한 것이며, 이를 보면 고분자전해질 연료전지의 작동원리를 조금은 이해할 수 있을 것이다.

수소는 연료전지의 산화극으로 주입되며, 산소는 환원극으로 주입된다. 전해질막은 두 전극 사이에 위치하고 있는데, 막의 양쪽은 촉매로 코팅되어 있다.

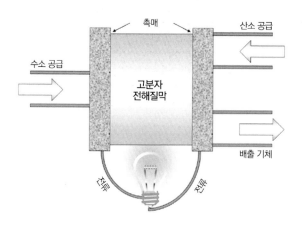

그림 7-1 고분자전해질 연료전지의 구조.

실제로는 연속적으로 동시에 일어나는 현상이지만, 하나씩 쪼개어서 살펴보도록
하자. 이렇게 생각하는 것이 훨씬 이해하는데 편리하다.

먼저 그림 7-2와 같이 수소가 연료전지의 산화극으로 들어오는 것부터 시작하도록
하자.

수소가 전해질막에 도달하면, 촉매는 수소를 수소 이온(양성자)과 전자로 분리시킨
다. 수소 이온은 전해질막을 통해 이동하는 반면에 전자는 외부의 전기회로로 나가

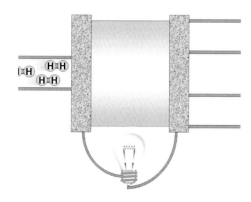

그림 7-2 수소가 연료전지로 들어온다.

131

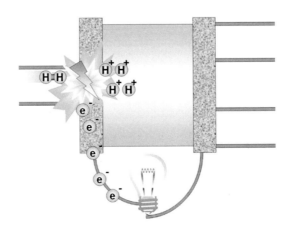

그림 7-3 수소가 수소 이온과 전자로 분리된다.

게 된다(그림 7-3).

산화극에서 이러한 반응이 일어나는 동안, 환원극에서는 산소가 들어오게 된다.

이러한 과정 동안에, 고분자전해질막을 통해 수소 이온은 환원극으로 이동하고, 전자는 외부의 전기회로를 거쳐 환원극으로 이동한다(그림 7-5). 수소 이온과 전자는 환원극 반응에 필수적인 요소이다.

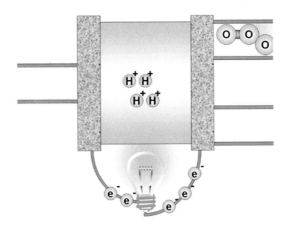

그림 7-4 산소가 환원극으로 들어온다.

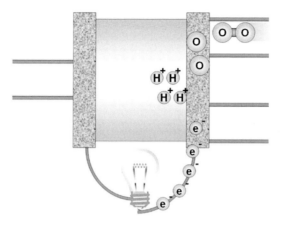

그림 7-5 수소 이온은 전해질을 통해, 전자는 외부의 전기회로를 거쳐 환원극으로 온다.

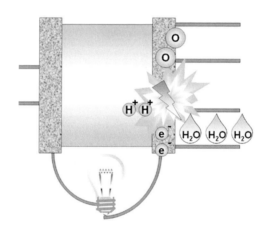

그림 7-6 전자, 수소 이온 그리고 산소가 결합하여 물을 생성한다.

수소 이온과 전자가 환원극에 도달하면 그림 7-6에 보이는 것과 같이 코팅된 촉매
는 산소가 수소 이온 및 전자와 결합하여 물을 생성하는 것을 촉진한다.

이제 연료전지의 구성 부품을 살펴볼 것인데, 고분자전해질 연료전지를 한 개 분해
하여 각각의 부품에 대해 알아보도록 하자. 또한, 키트를 이용하여 작은 연료전지
시스템을 만들어 보도록 하자.

먼저 전해질막에 대해 알아보자.

전해질막은 고분자전해질 연료전지 자체를 존재할 수 있게 하는 대단히 중요한 부품이다.

고분자전해질 연료전지에서 반응을 일어나게 하거나, 일어나지 않게 하는 일은 전해질막에서 담당하고 있다.

내용을 이해하기 위해서 실제로 전해질막 내부에서 어떤 일들이 일어나는지 살펴보도록 하자.

그림이 복잡하지만 인내심을 가지고 그림 7-7을 자세히 살펴보자.

그림 7-7의 왼쪽 아래부터 살펴보면 아마도 샌드위치가 하나 보일 것이다. 샌드위치의 바깥쪽 양면에는 전극이 있는데, 한쪽은 산화극이고 반대쪽은 환원극이다. 그리고 두 개의 전극에 맞닿은 검은색 층은 기체확산층이라는 것이다. 마지막으로 가장 중요한 부품인 막전극접합체(MEA, Membrane Electrode Assembly)가 가운데에 위치하고 있다.

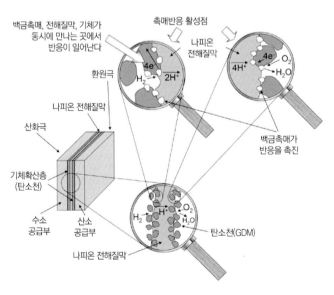

그림 7-7 고분자전해질 연료전지의 전해질막에서 일어나는 현상들.

이제 그림 7-7의 아래 부분에 있는 돋보기의 그림을 보자.

가운데에 회색 기둥이 있는 것이 보일 텐데, 이것이 '나피온(Nafion™)'이라고 하는 전해질막이다. 쿠키의 양쪽 면에 초콜릿 칩이 붙어있는 것을 상상해 보자. 쿠키의 몸체는 나피온으로 만들어져 있고, 양쪽 면에 진한 회색의 초콜릿 칩들은 기체확산 층이다. 이 초콜릿 칩과 쿠키의 몸체가 만나는 부분에는 사탕 가루(백금촉매)가 있다. 산화극과 환원극에 해당하는 두 전극을 확대한 것은 그림 7-7의 윗부분에 각각 나타나 있다. 여기에서 왼쪽은 산화극이고 오른쪽은 환원극이며, 흰색의 작은 동그라미는 사탕 가루(백금촉매)를 나타낸다.

연료전지 반응은 쿠키의 몸체, 초콜릿 칩, 백금 촉매 그리고 기체가 만나는 곳에서 일어난다. 수소 기체가 산화극 쪽으로 들어오면, 기체확산층을 투과해서 백금촉매 까지 흘러오게 된다. 수소 분자는 백금촉매에 의해 수소 이온과 전자로 분리되는 데, 수소 이온은 쿠키(전해질막)를 통해 쿠키의 반대쪽인 환원극으로 이동하고 전자는 초콜릿 칩을 거쳐 외부의 전기회로를 통해 환원극으로 이동한다. 쿠키는 양쪽 면을 가지고 있다는 것을 다시 상기해 보자. 환원극에 해당하는 반대쪽 면에는 훨씬 많은 백금촉매가 뿌려져 있다. 이 백금촉매에 초콜릿 칩을 통해 전자가 공급되고 쿠키를 통해 넘어온 수소 이온이 공급되면 이것들이 공급된 산소 분자와 반응하여 물을 생성하게 되는 것이다.

물론 우리는 쿠키, 초콜릿 칩, 사탕 가루를 직접 사용하지는 않을 것이다. 연료전지에 사용되는 부품들은 훨씬 복잡하고 정교한 것들이다(쿠키와는 달리 맛을 보아서는 그 특징을 알 수가 없으니, 절대 시험해 보지 말기를 바란다).

이후로는 실제 사용되는 물질에 대해 더 자세히 알아보도록 하자.

초콜릿 칩

언뜻 보기에는 초콜릿 칩같이 보이겠지만, 실제 기체확산층은 탄소섬유로 촘촘하게 짜인 천이다. 이 기체확산층은 수소나 공기가 투과하기 쉽게 하기 위해서 미세한 구멍을 많이 가지고 있다. 이와 같이 다공성 구조이기는 하지만, 동시에 많은 양의 백금촉매를 지지하기 위해서 높은 표면적을 가지고 있다.

🍪 사탕 가루

실제 연료전지에서는 쿠키의 양쪽에 조금 다른 사탕가루를 사용한다. 왜냐하면 수소는 상대적으로 쉽게 분리되는 반면에 산소가 수소이온과 전자와 결합하여 물을 만드는 것은 훨씬 어렵기 때문이다. 백금은 연료전지용 촉매로서 좋은 물질이지만, 과학기술의 발전에 따라 우리는 백금보다 더 싸면서도 성능이 뛰어난 물질을 찾아야만 할 것이다.

💬 황산기를 가진 테플론 공중합고분자의 특성

고분자전해질 연료전지는 '고체 고분자전해질'을 만들 정도로 고분자기술의 발전이 없었다면 존재할 수 없었을 것이다.

나피온은 듀폰의 월터 그로트에 의해 1960년대 후반에 발명되었는데, 나피온이 지닌 화학적인 독특한 성질로 인해 고분자전해질 연료전지를 만드는 것이 가능하게 되었다.

나피온을 연료전지용 전해질막으로 적합하게 만드는 성질은 다음과 같다.

기계적으로 아주 안정하다. 잘 부스러지지 않고, 유연성을 가지고 있으면서 갈라지지도 않는다. 막으로 가공하기 쉽고, 막으로 가공하더라도 주의해서 다루면 안정적으로 사용이 가능하다.

화학적으로 여러 가지 화학물질에 대해 매우 안정적이다. 어떠한 화학물질과 접촉하여도 반응하거나 쉽게 분해되지 않는다. 단 알칼리 금속은 예외이다.

그림 7-8 나피온의 화학 구조.

열적으로 고분자전해질 연료전지가 작동되는 온도범위 이내에서는 매우 안정적이 며, 온도가 변화될 때에도 안정적인 상태를 유지한다.

그림 7-8에서 나피온의 화학적 구조를 나타내었는데, 왼쪽 위에는 나피온의 테플론 형태의 주가지를 볼 수 있다(주방에 있는 테팔 프라이팬에 코팅되어 있는 물질이 테 플론이다). 오른쪽 아래에 있는 것은 황산기($-SO_3H$)인데, 이 황산기가 수소 이온의 전도를 가능하게 한다.

나피온의 정확한 구조를 그리는 것은 어렵지만, 그림 7-9에 이해에 도움이 되도록 클러스터 모델을 나타내었다. 바깥에 위치한 황산기를 주의하여 보도록 하자.

나피온의 황산기(SO_3^-)는 전해질막의 이쪽 저쪽에 위치하고 있으며, 이러한 황산기 와 황산기 사이를 줄타기 하듯이 점프하면서 수소 이온은 산화극에서 환원극으로

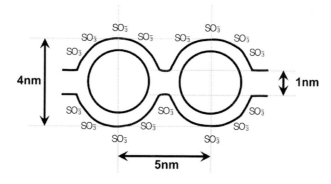

그림 7-9 나피온의 클러스터 모델.

이동하게 된다. 이러한 수소 이온의 이동은 고분자전해질 연료전지에서 가장 중요한 현상이다.

이와 같이 황산기는 수소 이온과 같은 양이온만 이동시키며, 음이온이나 전자와 같은 물질은 통과시키지 않는 특징이 있다. 물론 전자는 외부의 전기회로를 거치면서 우리가 필요로 하는 여러 가지 전기적 일들을 해주게 된다.

연료전지에서 황산기가 오직 수소 이온만 통과시키는 골키퍼와 같은 역할을 해 주기 때문에, 전자는 외부의 전기회로를 통해서만 환원극으로 이동이 가능한 것이다.

만약 황산기가 없었다면 어떻게 되었을까?

💬 유로

소형의 간단한 연료전지시스템의 경우에는 유로가 없는 연료전지를 만들 수도 있는데, 이때는 MEA의 위에 수소를 공급해 주는 기능과 전자를 외부에 주거나 받는 역할을 하는 기체확산층(탄소천이나 탄소종이)이 필요하다.

하지만, 일단 복잡한 연료전지가 되면, 탄소천이나 탄소종이만으로는 충분하지 않다. 산화극에서 수소를 MEA의 표면에 골고루 균일하게 공급해 주고, 환원극에서

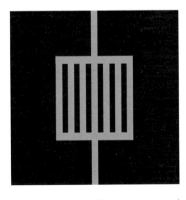

그림 7-10 직선형 유로(Straight flow field).

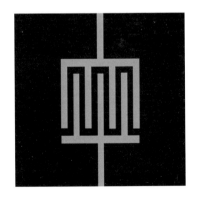

그림 7-11 맞물린 유로(Interdigitated flow field).

그림 7-12 뱀모양 유로(Serpentine flow filed).

그림 7-13 나선형 유로(Spiral flow field).

MEA에 충분한 양의 산소가 공급될 수 있도록 하기 위해서는 더욱 정교한 방법이 필요하다.

유로의 종류는 우리가 원하는 기체흐름의 특성에 따라 선택된다. 유로의 형태가 연료전지의 성능에 어떠한 영향을 미치는가에 대해서는 현재도 계속 연구가 진행 중인데, 과학자들은 두 개의 중요한 요소에 집중하고 있다. 하나는 수소를 MEA의 표면에 골고루 공급하는 것이며, 나머지는 MEA의 표면과 좋은 전기적 접촉을 유지하는 것이다.

다양한 유로의 종류를 그림 7-10~7-13에 나타내었다.

유로 중에서 가장 간단한 것은 직선형 유로이며, 기체의 주입구와 배출구 사이가 평행한 직선 유로로 연결되어 있다.

조금 더 발전한 것은 그림 7-11에 나타낸 손가락을 깍지 낀 것과 같이 생긴 맞물린 유로이다. 이 유로는 기체의 주입구 부분과 배출구 부분이 직접 유로로 연결되어 있지 않고, 기체가 탄소천이나 탄소종이를 통해 스며들어서 배출구로 흐르게 된다.

뱀모양 유로는 구불구불하게 꺾어진 아주 긴 뱀의 모양을 하고 있다. 기체는 구부러진 방향에 따라 위로 흘렀다 아래로 흘렀다를 반복하면서 배출구로 이동하게 된다. 그리고 기체가 흐르는 도중에도 탄소천이나 탄소종이의 틈새를 통해 수소가 옆의 유로로 스며들어갈 수도 있다.

마지막으로 나선형 유로가 있다. 기체의 주입구에서 나선형 모양으로 가운데로 흘렀다가 다시 나선형 모양으로 배출구로 흘러나오게 된다.

위의 예들은 아주 기본적인 유로이며, 이를 변형한 수많은 유로들이 있을 수 있으며, 많은 연료전지 제조업체에서 다양한 유로를 개발하고 있다. 여러분이 프로젝트 32의 '나만의 MEA 만들기'를 읽어본다면 연료전지 MEA에 대해 더 잘 이해할 수 있게 될 것이다.

PROJECT 24

연료전지의 분해

준비물

- 분해 가능한 연료전지(예: Fuel Cell Store P/N: 80044)

필요한 도구

- 육각렌치와 스패너

연료전지를 분해해 보면, 그 구조와 원리에 대해 훨씬 잘 이해할 수 있으며, 실제로 연료전지를 만들 때 어떤 문제들이 발생하는지도 알아볼 수 있다. 만약 스스로 연료전지를 만들어볼 생각이 있다면, 상업적으로 판매하는 연료전지를 하나 구하여 분해해 보는 것이 큰 도움이 될 것이다.

비록 판매하는 연료전지가 분해와 조립이 가능한 것이라고 할지라도, 분해할 때는 연료전지의 손상을 막기 위해서 충분한 주의를 기울여야 한다.

그림 7-14는 분해 가능한 연료전지의 예이다.

이 연료전지 키트에는 육각렌치와 스패너가 딸려오는데, 이 공구들은 분해와 조립을 위해 필요하다. 그림 7-15는 육각렌치를 이용하여 너트를 푸는 것을 보여주고 있다.

그림 7-14 완전히 분해가 가능한 연료전지.

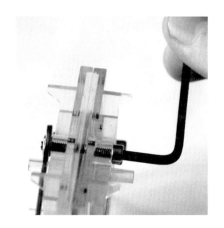

그림 7-15 육각렌치와 스패너를 이용하여 연료전지를 분해할 수 있다.

연료전지를 분해할 때는 헷갈리지 않게 분해한 부품을 잘 펼쳐 놓도록 한다.

연료전지를 조이고 있는 볼트와 너트를 모두 풀었다면, 그림 7-17에 보이는 것과 같이 플라스틱 끝판을 분리한다. 이렇게 하면 연료전지 가운데에 있는 전극 부분이 보일 것이다.

끝판과 전극부분을 그림 7-18과 같이 펼쳐 두자.

전극 부분은 그림 7-19에 보이는 것과 같으며, 두 개의 전극, 두 개의 기체확산층,

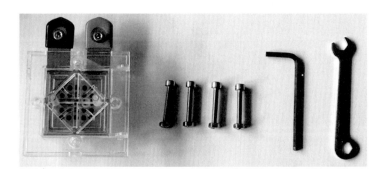

그림 7-16 볼트와 너트를 빼낸 연료전지.

MEA로 구성되어 있다. 이 부분을 분해할 때에는 아주 조심하지 않으면 부품이 손상될 수 있으니 주의하도록 하자.

먼저 한 개의 전극을 조심스럽게 분리하고, 나머지 전극도 분리하면 MEA가 남을 것이다. 그림 7-20 및 7-21과 같이 될 것인데, MEA의 표면을 만지거나 다른 것으로 건드리지 않도록 주의하자.

 주의

여분의 MEA가 있거나, 새 MEA를 살 돈이 있다면 지금 MEA를 분해하여도 문제가 없을 것이다. 물론 그림을 보아도 이해할 수 있겠지만, 만약 MEA를 분해하기로 마음먹었다면, MEA를 분해한 후 다시 조립하였을 때 연료전지의 성능이 제대로 나오지 않아도 실망하지 말자. MEA를 분해하는 과정에서 이미 충분한 재미를 느꼈을 것이고, 여러 가지를 배울 수 있었을 것이다.

만일 가능하다면, MEA를 분해하는데 메스를 이용할 수도 있다. 설사 메스를 사용하더라도 한 번 분리한 MEA는 다시 사용하기 어렵다. 그림 7-22에 MEA의 구성부품을 나타내었다. 양쪽 끝에 MEA를 지지하는 플라스틱 개스킷이 있는 것이 보일 것인데, 그 안쪽에는 탄소 소재의 기체확산층이 있고 가운데에는 MEA가 있다.

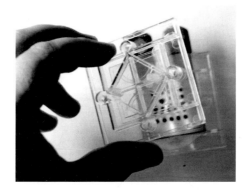

그림 7-17 끝판을 분리한다.

그림 7-18 분리된 끝판과 전극 부분.

그림 7-19 전극 부분

그림 7-20 분리된 한 개의 전극.

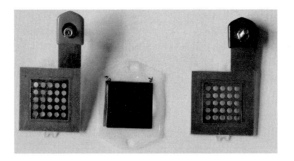

그림 7-21 두 개의 전극을 분리한 모습.

그림 7-22 MEA를 분리한 모습.

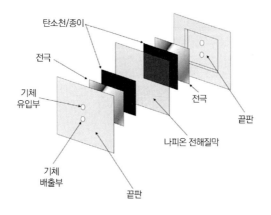

탄소천/종이

전극

기체
유입부

기체
배출부

끝판

전극

끝판

나피온 전해질막

그림 7-23 분해한 연료전지의 구성 부품을 나타낸 모식도.

분해한 MEA의 구조를 이번 장의 처음에 보았던 고분자전해질 연료전지의 작동원리에 대한 그림들과 연관지어서 생각해 보라. 그림 7-23의 구조를 잘 살펴보면 고분자전해질 연료전지의 각 부분에 대해 더욱 잘 이해하게 될 것이다.

PROJECT 25

MEA의 백금 담지량의 영향

준비물

- 분해 가능한 연료전지(Fuel Cell Store P/N: 80044)

고분자전해질 연료전지의 성능은 나피온 전해질막과 기체확산층 사이에 있는 백금 촉매의 양에 의해서 결정된다. 백금촉매의 양이 많으면 많을수록 연료전지 반응이 일어나는 자리의 숫자가 많아지고 따라서 연료전지에서 발생하는 전기의 양도 많아지게 된다.

이것의 확인실험은 분해 가능한 연료전지를 가지고 해 볼 수 있다. 확장 키트의 경우는 기본으로 장착되어 있는 표준 MEA 이외에 백금촉매의 담지량이 다른 두 개의 여분의 MEA가 더 들어 있다. 여분의 MEA를 표준 MEA와 교환하여 장착하면 백금촉매의 양이 다를 경우의 성능을 확인할 수 있다.

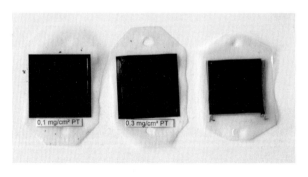

그림 7-24 서로 다른 백금촉매 담지량을 가지는 MEA들.

PROJECT 26

산소 및 공기를 이용한 실험

준비물

- 산소와 공기 끝판이 있는 분해 가능한 연료전지(Fuel Cell Store P/N: 80044)

우리가 호흡할 때, 공기 중의 산소만을 사용한다는 것은 이미 알고 있을 것이다. 실제로 대기는 78 %의 질소와 21 %의 산소, 그리고 소량의 다른 기체로 구성되어 있다.

공기로 작동되는 연료전지에 비해 순수한 산소로 작동되는 연료전지가 훨씬 나은 성능을 보일 것이라는 것을 예측할 수 있다.

이것을 확인해 보기 위해서 분리 가능한 연료전지를 가지고 실험을 해 보고자 하며, 실험의 오차를 줄이기 위해서는 가능한 한 여러 가지 변수들을 동일하게 유지

그림 7-25 공기용 끝판.

그림 7-26 산소용 끝판.

해야 한다. 동일한 MEA, 기체확산층, 전극을 사용해야 할 것이다. 단지 공기를 산소로 바꾸거나 산소를 공기로 바꾸면서 성능의 변화를 보는 것이다.

연료전지를 공기로 작동시킬 때에는 대기압 하에서 작동하게 된다. 연료전지에 도달하는 공기의 양이 최대가 되기를 원하지만 관을 통해 강제로 압력을 가해 공기를 집어넣지는 않는다. 그러므로 공기로 연료전지를 작동할 때에는 그림 7-25와 같이 공기가 자유롭게 드나들 수 있도록 여러 개의 긴 줄이 뚫려 있는 끝판을 사용한다.

산소로 연료전지를 운전할 때에는 가능한 한 압력이 걸리지 않도록 하여야 하며, 그림 7-26과 같이 생긴 끝판을 사용한다. 두 개의 기체 연결부위가 있는데, 하나는 산소 주입구이고 나머지는 산소 배출구이다.

실험할 기체에 맞추어 산소와 공기 끝판을 장착하고, 이 연료전지를 이용하여 산소와 공기가 공급될 때의 연료전지 성능을 측정해 보자.

PROJECT 27

나만의 미니 연료전지 만들기

요즘 전자기기들은 소형화되는 것이 추세이며, 1980년대의 벽돌만한 이동전화기와 지금의 비누 한 장 보다 작은 크기의 휴대폰을 비교해 보면 알 수 있을 것이다.

전자기기를 소형화하는 데 있어서 큰 걸림돌 중의 하나는 전력공급 부분이다. 초기의 이동전화는 전자회로 뿐만 아니라 전력을 공급할 배터리의 용량 때문에 그 크기가 커질 수밖에 없었다.

배터리 기술의 발달과 전자기기의 전기효율 향상에 따라 전력공급 부분의 크기는 점차 작아지게 되었다. 하지만 전력공급 부분의 크기가 작아지는 것과 전자기기의 사용시간은 반비례하기에, 작은 배터리를 사용하는 것은 휴대폰 사용시간이 짧고 자주 충전해야 함을 뜻하였다. 만약 휴대용 동영상 기기라면, 한 번 충전으로 볼 수 있는 영화가 몇 편 되지 않는다는 것을 의미하는 것이다.

연료전지는 모든 종류의 휴대용 전자기기에 장시간 동안 전력을 공급할 수 있다는 매력적인 특징을 가지고 있다.

준비물

- 미니 연료전지(Fuel Cell Store P/N: 531907)

필요한 도구

- 두 손

- 목장갑 또는 면장갑(없어도 무방)

미니 연료전지는 아주 교묘한 구조를 가지고 있다. 이 연료전지의 부품들을 체결하기 위해서 항상 개스킷이 중간에 사용되며, 조립을 위해서는 이들을 단순히 접어주기만 하면 완성이 된다.

그림 7-27 점착성 개스킷에 씌운 보호종이를 벗긴다.

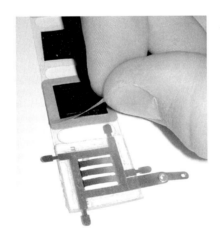

그림 7-28 미니 연료전지의 구성 부품들.

그림 7-27에서 미니 연료전지의 구성부품을 볼 수 있다. 양쪽 끝에 구멍이 뚫린 금속 전극이 보일 텐데, 안쪽으로 살짝 볼록하게 된 것을 볼 수 있다. 이는 접었을 때 전극과 기체확산층의 전기적 접촉을 좋게 하기 위해서이다. 금속 전극의 안쪽에는 두 개의 기체확산층이 있으며, 이는 MEA에 수소와 공기를 공급하는 역할 뿐만 아니라 MEA와 금속 전극 사이에서 전기를 통하는 작용도 한다. 마지막으로 가운데에는 모든 연료전지 반응의 중심이 되는 MEA가 위치하고 있다.

한쪽 끝에서부터 미니 연료전지 만드는 것을 시작해 보자. 갈색의 점착성 보호종이는 벗길 수 있으니, 순서에 맞추어 하나씩 벗겨내도록 하자. 단 다른 부분에는 손이 닿지 않도록 주의하자. 왜냐하면 연료전지의 백금촉매 부분에 손이 닿으면 촉매를 피독시킬 수 있기 때문이다.

목장갑을 끼고 하면 연료전지 부품에 손상이 가는 것을 막을 수 있다. 만약 손놀림이 좋지 않다면 보호종이를 벗기는 것이 조금 힘들 것이고, 목장갑이 연료전지의 부품들에 달라붙게 될 것이다. 주의하도록 하자.

전극 옆에 있는 기체확산층의 보호종이를 벗기는데 성공하였으면, 기체확산층과 전극 사이를 접합하도록 하자. 이때 둘 사이에 전기적 접촉이 잘 되도록 해야 한다.

이 단계는 매우 중요하다. 기억해야 할 두 가지가 있는데, 첫째는 어떤 경우에도 MEA를 손으로 만지지 말아야 할 것이다. 이 측면에서는 목장갑이 매우 유용하지만 목장갑을 끼고 기체확산층에 있는 개스킷의 보호종이를 벗기는 것은 매우 어렵다. 장갑을 낄지 말지는 본인이 잘 판단하여 결정하고, 작업은 주의해서 하도록 하자. 다음은 필름 형태의 MEA와 기체확산층을 서로 잘 겹치도록 해주는 것이다. 그림 7-30을 참고하여 최상의 성능이 나오도록 두 부품을 잘 맞추어서 접합하도록 하자.

자, 이제 마지막 작업을 할 시간이다. 마지막 보호종이를 벗겨내고 잘 접합하도록 하자. 그러면 깔끔하게 미니 연료전지가 완성되어 있을 것이다.

그림 7-29 한 번 접합한 연료전지.

일단 점착판을 이용해서 모든 부분을 붙였다면, 붙인 층끼리 접촉이 잘 되도록 해
주어야 한다. 미니 연료전지의 변을 보면 전극에 붙은 짧은 금속판들이 뻗어 나온
것을 볼 수 있는데, 이것을 반대편 위로 접어서 접은 부분들이 꽉 조이도록 해 준
다. 플라스틱 끝판이 있어서 반대쪽의 금속과는 만나지 않도록 설계가 되어 있으니
전기의 단락을 걱정할 필요는 없다.

미니 연료전지의 크기가 궁금하면 그림 7-32를 보면 알 수 있다. 25센트짜리 동전과
거의 유사한 크기이다. 이 형태가 최종적으로 완성된 미니 연료전지의 모습이며, 잘
보면 짧은 금속판들이 모두 접혀 있는 것을 볼 수 있다.

그림 7-30 MEA와 기체확산층 맞추기.

그림 7-31 마지막 보호종이 벗기기.

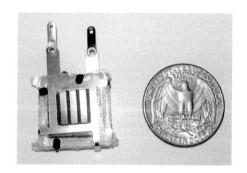

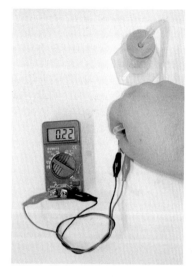

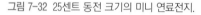

그림 7-32 25센트 동전 크기의 미니 연료전지.

그림 7-33 멀티 미터를 이용하여 전기가 생기는지 확인한다.

자, 성공적으로 조립을 하였다면, 이제 연료전지의 성능을 테스트 해보자. 멀티 미터를 연결하고 수소를 공급해 보자. 수소는 H-Gen을 이용하여 만들 수 있다. 수소가 나오는 관의 끝을 미니 연료전지 한쪽 끝의 플라스틱 끝판 구멍에 가까이 위치하게 하면, 전압이 생기는 것을 볼 수 있을 것이다.

 웹사이트

과학영재 여러분, 성공적인 작동을 축하합니다! 미니 연료전지가 H-Gen으로부터 생산된 수소를 이용하여 발전한 전기로 '회전원판'을 돌리는 동영상은 아래 사이트에서 볼 수 있습니다.

- www.youtube.com/watch?v=JsWfvUktNuo

CHAPTER 8

FUEL CELL PROJECTS

직접 메탄올
연료전지

PROJECT 28 : 직접 메탄올 연료전지 작동하기

PROJECT 29 : 직접 메탄올 연료전지의
운전정지 및 재시동

PROJECT 30 : 밴드에이드를 이용한
연료전지 만들기

수소를 사용하는 연료전지의 단점들 중 하나는 수소 저장의 문제이며, 책의 후반부에서 수소저장에 대해 좀 더 상세히 알아 볼 것이다. 수소 연료를 메탄올로 대신하는 다른 형태의 연료전지도 있다.

이러한 형태의 연료전지는 많은 장점들이 있는데, 특히 메탄올의 경우는 에너지밀도가 매우 높고 기존의 액체 연료를 수송하는 인프라를 이용하여 쉽게 운송할 수 있다는 점이다.

수소를 사용할 경우 발생하는 문제들 중 하나는 연료를 위한 인프라의 거대한 변화가 필요하다는 것이다. 이러한 변화가 불가능한 것은 아니지만 어찌됐든 변화는 꼭 필요하다. 이에 반해 메탄올 연료전지의 장점들 중 하나는 석유와 같은 다른 액체 연료를 운송하거나 저장하기 위해 사용되고 있는 기존의 인프라를 메탄올을 저장하고 운송하는 데 사용할 수 있다는 것이다. 메탄올은 기존의 인프라를 이용하여 취급될 수 있기 때문에, 많은 사람들이 메탄올은 수소 경제로 넘어가기 위해 중요한 연료라고 믿고 있다.

 주의

경고! 메탄올은 독성이 있고 가연성이 높다.
메탄올을 모든 발화성 물질로부터 먼 곳에 보관해야 한다.
환기시설이 충분히 잘 갖춰져 있어서 농축된 메탄올 증기에 노출될 염려가 없는 곳에서만 사용한다.

 주의

직접 메탄올 연료전지는 메탄올과 물의 혼합용액을 사용한다. 만약 메탄올의 농도가 너무 높다면 연료전지의 전해질 막이 손상될 것이다. 여러분은 메탄올 농도가 3%를 초과하지 않도록 하여 실험하기를 권장한다. 실제로 이 값은 아주 주의하는 경우이며, 4% 정도의 농도까지는 실험하기에 괜찮을 것이다. 하지만 이보다 훨씬 높은 농도를 사용한다면 연료전지를 손상시킬 수 있으며, 장기간 실험할 경우에는 3% 이상의 농도는 사용하지 않을 것을 권장한다.

FUEL CELL PROJECTS

💬 응급처치법

만약 피부에 메탄올이 닿았다면, 메탄올은 독성이 있으므로 많은 양의 물로 메탄올을 씻어낸다.

메탄올이 눈에 닿는 것을 막기 위해 항상 안전보호안경을 착용해야 한다. 만약 아주 적은 양의 메탄올이 우연히 눈에 튀게 되면, 깨끗한 물이나 눈세척기(eyewash station)를 이용하여 씻어낸 후, 즉시 의사에게 진찰을 받거나 병원 응급실을 방문해야 한다.

또한, 메탄올 증기를 호흡하지 않게 주의하고, 만약 마셨다면 창문을 열어둔 후 밖으로 나가 신선한 공기를 호흡하도록 한다. 징후가 계속되면 의사나 병원 응급실을 방문하여 상담해야 한다.

메탄올은 절대 먹어서는 안 된다. 우연히 소량의 메탄올을 먹었다면, 깨끗한 물을 많이 마시고 즉시 의사의 진단을 받거나 응급실을 방문해야 한다.

메탄올로 인해 속이 메스거우면 의사와 상담하자. 의사에게 메탄올을 취급하였다고 말하고, 의사에게 MSDS(물질안전보건자료)를 보여 주어야 한다.

💬 직접 메탄올 연료전지의 화학

직접 메탄올 연료전지는 메탄올을 직접 산화시켜 수소이온을 뽑아내며, 메탄올이 가지고 있던 탄소를 포함하는 이산화탄소를 생산한다. 그림 8-1은 직접 메탄올 연료전지의 화학을 보여준다.

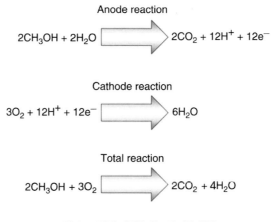

그림 8-1 직접 메탄올 연료전지의 화학.

그림 8-2를 보면 직접 메탄올 연료전지가 앞장에서 배운 고분자전해질 연료전지와 어떻게 다른지 알 수 있다. 고분자전해질 연료전지와 직접 메탄올 연료전지는 기능적으로 매우 유사하다.

전극에서 발생하는 화학반응(그림 8-3)을 합쳐 보면, 물과 메탄올이 혼합된 용액이 왼쪽 상부에서 공급되어 반응에 의해 수소이온, 전자, 이산화탄소로 분리되고 반응물로 물을 생산한다. 고분자전해질 연료전지와 마찬가지로 수소이온은 전해질을 통해 이동하고 전자들은 외부 회로를 통해 흐른다. 그림의 반대쪽에서는 고분자전해질 연료전지에서 보았던 동일한 현상들이 발생한다.

우리는 연료전지의 산화극에서 이산화탄소가 생산된다는 것을 알 수 있다.

 힌트

서로 다른 농도를 갖는 메탄올 용액을 제조하기 위해서는 그림 8-4에 나타낸 것처럼 좋은 메스실린더를 사용한다.

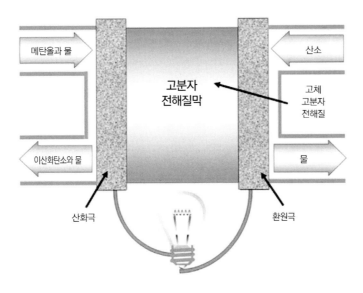

그림 8-2 직접 메탄올 연료전지(DMFC) 그림.

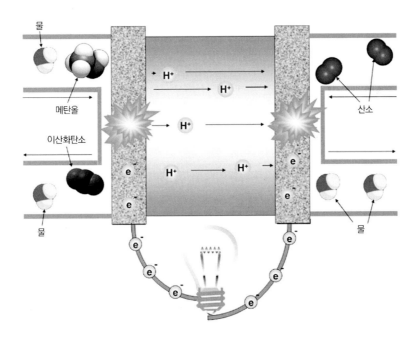

그림 8-3 직접 메탄올 연료전지 내부에서는 어떤 반응이 일어날까?

그림 8-4 서로 다른 농도의 메탄올 용액을 제조하기에 적당한 메스실린더.

PROJECT 28

직접 메탄올 연료전지 작동하기

준비물

- 직접 메탄올 연료전지 및 부하기(Fuel Cell Store P/N: 550307)

- 3% 메탄올 용액(Fuel Cell Store P/N: 500100)

- 스퀴즈 병(눌러서 용액을 짜낼 수 있는 작은 플라스틱 용기)

연료전지가 건조상태에 저장되어 있었다면, 기대와 다르게 초기에는 성능이 좋지 않을 수도 있다. 이것은 전해질 막이 수화되어야 하기 때문이다. 우선 소량의 증류 수를 이용하여 전해질 막을 적신 후, 연료전지에 메탄올 용액을 채운다.

메탄올 연료전지는 어셈블리 위에 2개의 구멍이 있으며, 이 구멍을 통해 연료전지에 메탄올 용액을 채울 수 있다. 한쪽의 구멍을 통해 메탄올을 채우면, 다른 한쪽의 구멍으로는 공기가 출입할 수 있게 된다.

연료전지에 메탄올을 채우는 올바른 방법은 폭이 좁은 입구를 가진 스퀴즈 병을 사용하는 것이다. 2개의 구멍이 기울어지도록 연료전지를 잡은 후, 꽉 누른 스퀴즈 병을 한쪽 구멍에 넣고 DMFC 용기에 채워진 공기가 모두 빠져 나오도록 뽑아낸다.

다음은 연료전지 안에 3% 메탄올 용액을 채운다.

연료전지가 작동되기까지는 약간의 시간이 필요하며, 연료전지가 일정량의 전기를 생산하기 위해 수 분 정도가 필요한 것은 보기 드문 일이 아니다. 하지만 일단 연료 전지가 전기를 생산하기 시작하면 수 시간 동안 계속 될 것이다.

연료전지가 전기 생산을 멈추게 되었다면 연료인 메탄올이 모두 소진되었기 때문이다. 연료전지가 다시 전기를 생산하기 위해서는 물을 빼내고 메탄올을 다시 채워야만 한다.

 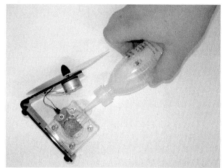

그림 8-5 직접 메탄올 연료전지의 연료 공급 장면.   그림 8-6 직접 메탄올 연료전지 연료 주입.

PROJECT 29

직접 메탄올 연료전지의 운전정지 및 재시동

준비물

- 직접 메탄올 연료전지

- 증류수

- 1% 황산 수용액

- 3% 메탄올 용액

💬 개요

메탄올 연료전지를 장기간 사용하지 않을 것이라면, 운전정지를 해놓았다가 다시
사용할 필요가 있을 때 재시동하는 것이 좋다. 이렇게 한다면 연료전지의 수명이
길어진다.

실험방법

➖ 운전정지

연료전지가 메탄올에 오염된 상태로 보관되지 않도록 증류수를 사용하여 씻어낸
다. 그리고 작은 테이프를 이용하여 2개의 구멍을 막는다. 이러한 조치를 통해 연료
전지가 건조되는 것을 방지할 수 있다.

재시동

연료전지를 다시 사용하고자 한다면 구멍을 막고 있는 테이프를 제거한다. 그리고 3% 메탄올 용액을 채웠다 뺐다 하는 재충전 과정을 몇 번 반복한 후, 메탄올을 채우고 몇 분 동안 그대로 방치해 둔다.

연료전지를 사용하지 않고 방치하면 연료전지 성능은 감소하게 된다. 3% 메탄올 용액을 이용한 재충전 과정을 거친 후에도 연료전지가 제대로 작동하지 않는다면 아래의 재시동 과정을 반복해야 한다.

메탄올 용액을 이용하여 연료전지를 재충전하는 것처럼 1% 황산 수용액을 준비하여 연료전지를 충전한 후, 며칠 동안 방치해 두자. 그런 후 황산 수용액을 비워내고 3% 메탄올 용액을 충전하면 연료전지는 다시 정상적으로 작동할 것이다.

주의

황산은 매우 위험한 물질이다. 황산을 손으로 만지거나, 눈에 닿거나, 입으로 마시지 않도록 조심하는 것이 절대적으로 필요하다.

PROJECT 30

밴드에이드를 이용한 연료전지 만들기

준비물

- 커다란 밴드에이드 2장

- 316 스테인리스스틸 망(Fuel Cell Store P/N: 590663)

- 5 Layer DMFC MEA 5 cm²(Fuel Cell Store P/N: 590310)

- 면장갑(Fuel Cell Store P/N: 591463)

- 3% 메탄올 용액(Fuel Cell Store P/N: 500100)

- 멀티 미터(Fuel Cell Store P/N: 596107)

필요한 도구

- 메스

- 가위

본 실험에서는 밴드에이드 박스를 이용하여 매우 간단하면서도 개략적인 직접 메탄올 연료전지를 만들어 보고자 한다. 이 프로젝트는 'MAKE:zine'에 먼저 발표되었는데, 많은 연료전지 연구자들로부터 이 프로젝트가 연료전지 기술에 대한 아주 쉽고 간단한 소개가 된다고 인정받았다. 직접 메탄올 연료전지를 직접 제작하고 그 기술을 이해하는데 이보다 더 쉬운 방법은 없을 것이라고 생각한다.

연료전지 제작의 핵심에 들어가기 전에, 어떻게 이 프로젝트가 발견되게 되었는지를 여러분과 공유하고자 한다. 나는 GM의 연구개발부 부사장인 로렌스 번의 '밴드에이드가 아니라 연료전지가 치료책을 제공한다' 라는 글을 인터넷에서 본 적이 있다. 그 후 머지 않아 화장실로 가는 동안 밴드에이드 박스를 우연히 보게 되었고 생각이 떠오르게 되었는데, 그 결과가 실제로 밴드에이드를 사용하는 이 프로젝트인 것이다.

여러분이 준비물을 모두 준비하였다면 그림 8-7에서 보이는 것과 같이 배열할 수 있을 것이다.

적당하게 큰 크기의 밴드에이드를 준비하는 것이 좋다.

라이트에이드(Rite Aid)나 월그린(Walgreen)을 생각해 보라. 이것들은 여러분이 사용하는 흔한 밴드에이드 중 하나이다. 알로에 추출물이나 특별한 연고가 부착된 밴드에이드는 사용하지 않는 것이 좋다. 그것은 작업을 더욱 복잡하게 만들 뿐이다. 가장 오래되고 평범한 밴드에이드를 사용한다. 단지 상처난 부위를 덮을 수 있을 만큼 충분한 크기의 밴드에이드가 필요하다.

여러분이 밴드에이드에 붙어 있는 접착 필름을 떼어낸 순간부터 나중에 연료전지의 MEA에 접촉해야 할 표면을 철저히 깨끗하게 유지해야 함을 기억해야 한다. MEA를 가지고 실험할 때는 항상 그림 8-10에 보인 것처럼 면장갑을 착용하는 것이 좋으며, 이는 손에 있는 먼지들이 MEA의 기능을 심각하게 방해하기 때문이다.

우리는 스테인리스스틸 망을 이용하여 전극을 만들어 볼 것이다. 여러분이 스테인리스스틸 망에 대하여 전문가라면 알겠지만, 내가 사용한 망은 최고급 재료로 만들어져 있다. 스테인리스스틸은 318 등급의 고품질이었으며, 망의 크기는 양 방향으로 인치당 72개의 와이어가 있으며 와이어 사이의 간격은 0.0037 인치이다. 이 재료는 그림 8-11에 나타내었다.

그림 8-7 밴드에이드 연료전지의 구성품.

그림 8-8 적당한 크기의 밴드에이드 한 쌍.

그림 8-9 밴드에이드 풀기.

그림 8-10 면장갑은 MEA의 손상을 방지한다.

167

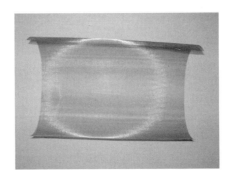

그림 8-11 스테인리스스틸 망.

MEA(막전극접합체)

MEA(Membrane Electrode Assembly)는 막전극접합체를 나타내는데, 이는 실제로 연료전지 반응이 일어나는 곳이다. 여러분이 직접 조립하기에는 다소 어려운 MEA를 만들어 보게 될 것이다. 물론 좀 더 손쉬운 방법은 이미 만들어지진 MEA를 온라인 마켓(www.fuelcellstore.com)에서 구매하는 것이다. 나피온(Nafion) 막 또한 구매할 수 있을 것이다. 값비싼 플라스틱인 나피온은 기술적 용어로는 술폰화된 테트라플루오로에틸렌 공중합체라 부른다. 그림 8-12에 나타낸 플라스틱 지퍼백에 대해 좀 더 자세히 살펴보자.

DMFC(Direct Methanol Fuel Cell)는 직접 메탄올 연료전지를 나타내는데 이것은 고분자전해질 연료전지의 한가지 형태이다. DMFC가 실제적으로 의미하는 것은 MEA가 외부의 다른 도움 없이 메탄올을 직접 이산화탄소와 수소이온으로 바꾼다는 뜻이다. 이 얼마나 신기한 일인가? 플라스틱 지퍼백 라벨의 왼쪽 패널을 보면 연료전지의 활성면적이 적혀 있다. 즉, 촉매는 2.3 cm×2.3 cm(약 5 cm^2) 정도의 크기이며, 나피온 전해질 막 자체는 5.5 cm×5.5 cm 이다.

MEA 내부를 좀 더 자세하게 살펴보면, 산화극에는 백금과 루테늄의 합금이 정확하게 4.0 mg/cm^{2}이 코팅되어 있고, 환원극에는 백금이 2.0 mg/cm^{2}이 코팅되어 있다. 또한, 전해질 막과 탄소천으로 구성된 기체확산층을 가지고 있다.

그림 8-12 밴드에이드 연료전지 프로젝트를 위해 사용된 MEA의 상세 내역.

⬤ 밴드에이드 연료전지 만들기

밴드에이드 연료전지를 만드는 것은 공원을 산책하는 것만큼 쉽다. 여러분이 해야 할 것은 MEA를 보호하고 조심스럽게 다루며 모든 표면을 깨끗하게 유지하는 것 뿐이다.

우선, 스테인리스스틸 망(철망)을 직사각형으로 자르자. 이 철망은 밴드에이드의 상처 패드의 가장 작은 부분보다 폭이 더 좁아야 하며, 밴드에이드의 가장 긴 부분보다 좀 더 길어야 한다. 그리고 동일한 크기의 철망을 하나 더 자르도록 하자.

이제, 그림 8-13에서와 같이 한 개 밴드에이드의 보호 필름을 제거한 후, 첫 번째 철망을 밴드에이드의 상처 패드 안쪽으로 붙인다. 철망의 다른 한쪽 끝은 밴드에이드 끝을 지나 밖으로 돌출될 것이다. 그림 8-14는 현재까지 만든 모습을 보여준다.

다음은 면장갑을 이용하여 플라스틱 지퍼백 안에서 조심스럽게 MEA를 꺼낸다(그림 8-15).

MEA를 적당히 잘라 밴드에이드의 상처패드 보다 약간 크게 만들되, 어셈블리를 함께 조립하기 위해 밴드에이드의 접착력이 있는 부분은 조금 남아 있도록 해야 한다. 이 MEA를 상처패드에 포개도록 하자(그림 8-16).

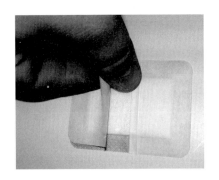

그림 8-13 밴드에이드의 커버를 제거할 때 상처패드
에 닿지 않게 한나.

그림 8-14 첫 번째 밴드에이드 위에 철망 놓기.

다음 장면(그림 8-17)은 밴드에이드와 비교하여 MEA의 크기를 체크하는 것을 나타
낸다. MEA의 산화극 쪽을 표기해 놓은 것을 잊지 않는다. '산화극' 표기의 어느 쪽
이 올바른 방향을 나타내는지도 표기하도록 하자. 즉, 밴드에이드와 MEA에 마주하
는 쪽에 '+' 표기를 한다. 이러한 표기를 위해서는 유성펜을 사용하는 것이 좋다.

그리고, MEA를 방향을 고려하지 말고 철망 위에 놓는다(그림 8-18). MEA가 포개지
면서 밴드에이드의 접착제 경계면에 붙는지 확인해야 한다. MEA의 각 면은 밴드에
이드의 접착면을 경계로 서로 떨어져 있어야만 한다.

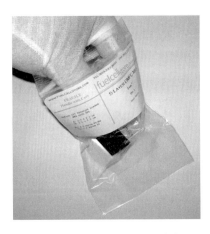

그림 8-15 지퍼백에서 MEA 빼내기.

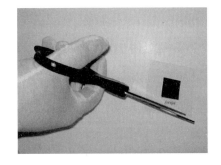

그림 8-16 MEA 크기 맞추기.

미리 잘라둔 또 다른 철망을 MEA 위에 올려 놓되, 철망 거즈의 남은 부분이 반대 쪽 끝으로 돌출되게 한다.

철망 거즈가 접촉하고 있는 MEA 면에 따라서 철망 거즈를 밴드에이드 뒤로 구부려 두는 것이 아주 유용한데, 이렇게 하면 어느 철망 거즈가 어떤 전극이었는지 기억 하는데 매우 편리하다.

이제 메스를 이용하여 MEA의 산화극과 접촉하고 있는 쪽의 밴드에이드에서 $1\ cm^2$ 가량을 제거한다.(그림 8-20, 8-21)

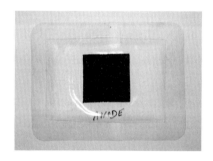

그림 8-17 MEA 크기 체크.

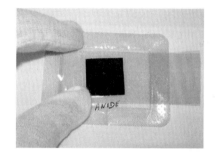

그림 8-18 철망 위에 MEA 놓기.

그림 8-19 MEA 위쪽 면에 마지막 철망 놓기.

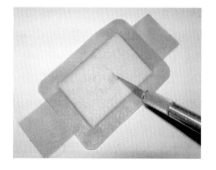

그림 8-20 메스를 이용하여 밴드에이드의 위쪽 면으 로부터 정사각형 모양으로 제거.

💬 밴드에이드 연료전지의 테스트

연료전지를 테스트하기 위해 3% 메탄올 용액을 준비한다. 만약 여러분이 화학에 대한 조금의 지식도 없거나 실험실 연구자들과 친하지 않다면 3% 메탄올 용액을 fuel cell store에서 구입하도록 하자.

연료전지에 연료를 주입하는 방법은 메탄올 용액을 메스로 제거된 부분이 있는 밴드에이드 패치에 넣는 것이다. 그러면 상처패치는 연료의 저장고 역할을 하게 된다. 연료전지의 다른 쪽을 건조한 상태로 둔다면, 산소가 밴드에이드를 투과해서 공급될 것이다.

밴드에이드의 양쪽 끝에 돌출된 전극을 멀티 미터에 연결하되, 연결하자마자 큰 변화가 일어나지는 않을 것이다. 직접 메탄올 연료전지는 활성화되기 위한 시간(break-in)이 필요하다.

메탄올이 채워진 쪽에 약간의 압력을 가할 때 연료전지가 만들어내는 전압이 증가한다는 것을 발견할 수 있는데 이러한 성능의 증가는 철망 거즈와 MEA의 접촉 상태가 나아져서 전기저항이 줄어들기 때문이다.

그림 8-21 메스를 이용하여 밴드에이드의 위쪽 면으로부터 정사각형 모양을 제거한 후 모습.

그림 8-22 완성된 밴드에이드 연료전지.

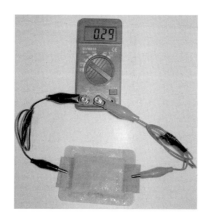

그림 8-23 멀티 미터에 연결된 밴드에이드 연료전지.

💬 직접 메탄올 연료전지의 미래

여러분은 밴드에이드 연료전지가 분리된 산화극과 환원극을 가지고 메탄올은 오로지 산화극으로만 공급되어야 하는 것으로 알고 있다. 하지만 CMR이라는 회사는 혁신적인 직접 메탄올 연료전지를 개발하였는데(그림 8-24), 이 회사에 따르면 직접 메탄올 연료전지 스택에서 산화극과 환원극을 분리해야 하는 복잡함을 일부 제거했다는 것이다.

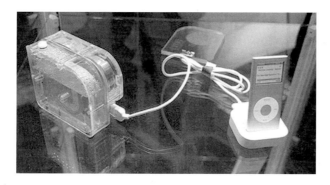

그림 8-24 CMR사의 혁신적인 직접 메탄올 연료전지.

173

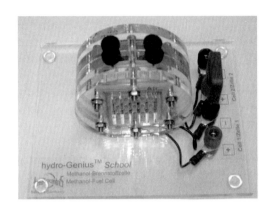

그림 8-25 실험에 적합한 직접 메탄올 연료전지.

 웹사이트

CMR 사의 홈페이지

- http://www.cmrfuelcells.com/index.php?option=com_frontpage&Itemid=1

CMR사의 직접 메탄올 연료전지는 산화극과 환원극 모두에 선택적 촉매를 사용한 다는 것이 일반 연료전지와 다르다. 그들의 직접 메탄올 연료전지는 공기와 메탄올 용액이 섞인 혼합 연료를 공급한다. 하지만 메탄올은 산화극의 촉매와만 선택적으로 반응하고 산소는 환원극의 촉매와만 선택적으로 반응하기 때문에 물리적인 분리가 불필요하게 된다. 이것이 일종의 혁신인데, 이로 인해 연료전지 시스템의 복잡성이 줄어들고, 가격이 낮아짐으로 인해서 연료전지가 소비자들의 전자 제품 시장에 좀 더 빨리 진입할 수 있을 것이다.

여러분은 그림 8-25에 나타낸 것처럼 고분자전해질 연료전지 부분에서 수행했던 동일한 실험들을 간단한 직접 메탄올 연료전지를 이용하여 모두 수행해 볼 수 있다.

CHAPTER **9**

미생물
연료전지

PROJECT 31 : 나만의 미생물 연료전지 만들기

지금까지 우리는 물리적 또는 화학적 반응이 발생하는 연료전지에 대해 살펴보았다. 본 장에서는 이전과는 완전히 다른 유형의 연료전지, 즉 근본적으로 다른 방식으로 작동되는 연료전지에 대해 살펴볼 것이다.

미생물 연료전지의 공급 연료는 '생물학적으로 반응이 가능한 물질'이다. 이 전문 용어는 연료물질들이 연료전지에 의해 생물학적 변화를 통해 에너지로 변환될 수 있다는 뜻이다. 이러한 물질의 범주는 매우 다양하여 설탕이나 바이오매스를 포함하는데, 특히 조류와 같은 것은 연료전지 사용의 목적으로 재배되기도 한다.

살아있는 생물들은 음식을 섭취하고 대사하여 그들에게 필요한 에너지를 공급한다. 음식들은 산화되어 에너지를 풍부하게 만드는데 이것은 전자가 풍부하다는 뜻이다(이전에 보았던 'LEO가 GER라고 트림한다'는 전기화학자들이 주로 사용하는 문구인데, LEO는 Loss Equals Oxidation(전자를 잃으면 산화반응)을 의미하고 GER은 Gain Equals Reduction(전자를 얻으면 환원반응)을 의미하며, 산화반응과 환원반응은 항상 함께 발생한다는 뜻이다).

소화는 효소의 촉매 작용에 의해 발생하는 많은 반응들로 이루어진 복잡한 과정이며, 이는 상대적으로 낮은 온도에서 일어난다. 이러한 이유 때문에 참고문헌에 제시된 베네토의 논문에서는 소화를 '차가운 연소'라고 부르기도 한다.

💬 미생물 연료전지의 역사

영국 더럼대학교의 포터 교수는 대장균을 이용하여 전기를 발생시키는 연구를 진행하고 있었는데, 1912년에 그 동안의 연구 결과를 영국 학술원 초록집에 발표하였지만 당시에는 사람들의 주목을 받지 못하였다. 그 후 1931년이 되어서야 포터 교수의 연구 결과에 대해 새로운 논의가 시작되었다. 바네트 코헨은 포터 교수의 아이디어에 또 다른 방식으로 접근하게 되었는데, 많은 전지를 함께 연결하여 비록 전류가 매우 작긴 했지만 35 V 정도의 전압을 얻을 수 있었다.

💬 기술의 발전 방향

박테리아는 음식물을 섭취하고 폐기물을 생산한다. 일부 박테리아는 포도당과 같은 연료를 산소와 함께 섭취하여 소화 과정을 통해 이산화탄소와 물을 생산한다. 만약 박테리아가 산소 없이 포도당을 섭취한다면 이산화탄소와 수소이온, 그리고 중성자가 생산될 것이다.

의학의 발전에 힘입어 인간의 수명이 연장되거나 인간의 몸 속에서 제 기능을 못하는 장기를 도와 주기 위한 전기 장치들을 체내에 삽입함으로써 삶의 질이 향상되어 왔다. 인공 심박동 조율기와 인공 귀는 체내에 삽입된 의료장치들의 대표적 예이다. 이러한 장치들은 미래에 잠정적으로 미생물 연료전지에 의해 전기를 공급받을 수 있는 후보들로 생각된다.

도호쿠대학의 과학자들은 연료로 혈액을 사용할 수 있는 연료전지를 개발하기도 하였는데, 이러한 연구를 통해 종래에는 의료용 임플란트의 장기 사용을 위해서 배터리를 교체해야 했지만, 앞으로는 환자들이 직접 전기를 생산할 수 있는 상황이 올 수도 있음을 보여 준다.

나사의 조사에 따르면, 6 명의 우주인들이 6 년에 걸친 화성으로의 여행을 한다면, 그 기간 동안 배설물을 포함하여 약 6 톤 정도의 고체 유기 폐기물을 생산할 것이라고 한다. 우주 공간의 광대함으로 인해 그 폐기물들을 집으로 택배를 보내는 것이 불가능하다는 것은 당연한 사실이다. 그럼 여러분은 무엇을 할 수 있을까?

만약 미생물 연료전지라면 그러한 폐기물을 소화하여 유용한 전기로 바꾸는 데 도움을 줄 수도 있을 것이다. 이렇게 생물학적 소화 과정을 통해 생산된 전기는 우주 비행센터 유지에 사용될 수 있고 또한 제어하기도 간편하다.

하지만 현시점에서는 미생물 연료전지의 실용적인 응용 분야를 찾아야만 한다. 호주의 유명한 맥주 양조업자인 포스터는 양조장에 미생물 연료전지를 설치하여 맥주 제조 시에 발생하는 부산물인 설탕, 효모, 알코올 등을 활용하여 깨끗한 전기를 만들어내고 있다. 미생물 연료전지로 인해 공짜의 전기를 얻는 것을 물론, 생물학적 활성을 지닌 물질이 전혀 포함되어 있지 않은 깨끗한 물도 얻을 수 있다.

PROJECT 31

나만의 미생물 연료전지 만들기

준비물

- P-트랩 2개(철물점에서 구입 가능)

- P-트랩에 맞는 짧은 길이의 배수관(10 cm)

- P-트랩 상부 파이프용 마개 또는 식용유

- 비닐 랩

- 한천젤리

- 소금

- 탄소천(Fuel Cell Store P/N: 590642)

- 구리선

- 수족관용 공기 펌프

- 수족관용 튜브

- 기포 발생기

- 에폭시 접착제

필요한 도구

- 가위

- 주니어 쇠톱(플라스틱 절단용)

- 난로

- 냄비

미생물 연료전지가 어떻게 작동하는지를 배우는 가장 좋은 방법은 가장 단순한 연료전지를 직접 만들어 보는 것이다. 이것은 과학전시회 제출용 프로젝트로 이상적이며, 생물학과 물리학 원리들을 아우르기 때문에 위대한 것이다.

미생물 연료전지 용기 제조

우리는 미생물 연료전지를 만들기 위해서 '염다리'라고 불리는 파이프로 연결된 2개의 분리된 용기를 만들어야 한다. 2개의 분리된 용기를 만들기 위해 염다리를 이용하는 것은 병이나 플라스틱 통, 유리병과 같은 것을 이용하는 다른 실험들과 가장 구분되는 특징이며, 이것이 아마 가장 완벽하게 받아들여지는 해결책일 것이다. 하지만 여러분은 염다리를 용기의 끝에 연결할 때 약간의 어려움을 느낄지도 모른다. 종종 대량의 에폭시나 실리콘이 필요하며, 이렇게 해도 완벽하게 누수를 방지하기는 쉽지 않다.

만약 여러분의 실험 예산에 여유가 있다면, 주변의 철물점에 가서 한 쌍의 P-트랩을 구매하기를 권유한다. P-트랩은 세면대 아래를 고정하는 도구로서, 외부 배수관으로부터 악취가 올라오는 것을 막아 준다. 이러한 P-트랩은 염다리를 용기에 고정하는 가장 쉬운 방법이 될 것이며 고무 개스킷과 함께 사용하면 누수도 없으면서 꽉 끼이게 조립이 될 것이다.

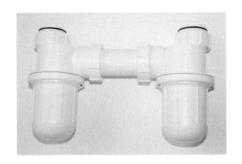

그림 9-1 P-트랩과 염다리 파이프의 조립 예.

가장 좋은 유형의 P-트랩을 선택하기 위해서는 P-트랩을 위로 열었을 때 트랩 안쪽의 공간으로 플라스틱 파이프가 나와 있는 것을 찾으면 된다. 여러분의 실험에 꼭 맞추기 위해서는 전동조각기(Dremel)와 같은 다기능 공구를 이용하여 플라스틱 돌출부를 제거하면 제대로 사용할 수 있는 빈 용기를 확보할 수 있다.

그림 9-1은 미생물 연료전지 제작에 필요한 P-트랩과 짧은 길이의 배수관이 제대로 조립된 상태를 나타낸다.

● 염다리 제조

염다리는 미생물 연료전지의 산화반응과 환원반응을 전기화학적으로 연결하지만 물리적으로는 분리하는 역할을 한다. 이러한 염다리는 미생물 연료전지의 두 용기 사이에서 이온들만 이동할 수 있게 한다.

염다리는 단순한 튜브 형태인데 겔화를 위해 소금과 한천의 혼합물로 채워져 있다. 한천을 어디에서 구하는지 궁금한가? 한천은 때때로 채식주의자들을 위해 젤라틴 대신 사용되거나, 실험실에서 미생물을 배양하기 위한 배지에서 사용된다.

염다리를 만들기 위해서는 짧은 길이의 파이프를 가져다가 한쪽 끝이 새지 않게 비닐 랩으로 강하게 감싼다. 비닐 랩이 제대로 감싸졌는지 다시 한 번 확인하고 비닐 랩을 몇 겹 더 감싼다. 새는 것을 확실히 막기 위해 테이프를 붙여도 좋다. 밀봉된

그림 9-2 수족관용 기포발생기.

파이프가 아래쪽으로 가게 둔다.

이제, 난로 위에 물이 담긴 냄비를 올린다. 염다리를 채우기 위해서는 125 ml 정도의 한천 용액이 필요하다. 하지만 실제로는 이보다 더 많은 양이 필요할지도 모른다. 계산을 해보면, 물 1 L 당 100 g의 한천이 필요할 것이다. 일단 물이 끓으면 한천을 넣고, 그 후 소금을 조금 넣는다.

한천 용액의 제조가 끝나면 용액이 겔화가 되기 전에 비닐 랩으로 한쪽 끝을 밀봉한 10 cm짜리 파이프에 용액을 채우고 고형화가 될 때까지 그대로 둔다.

한천젤리가 완전히 만들어지고 나면, P-트랩의 한쪽 끝의 집게를 느슨하게 하여 한천젤리가 채워진 파이프를 잘 맞춰 넣고 트랩의 집게를 다시 꽉 잠근다. P-트랩과 큰 너트 사이에 있는 고무 개스킷이 새는 곳이 없게 잘 막아줄 것이다.

전극 제조

탄소천 2장을 가져다가 에폭시 수지 접착제를 사용하여 철사를 탄소천에 고정시킨다. 이때 철사와 탄소천 사이에서는 전기가 통해야 하며, 접착제는 전기가 흐르는 것을 방해해서는 안 된다. 다시 말해 접착제는 탄소천과 철사를 고정하기 위해 사용하는 것이지, 탄소천과 철사를 붙이기 위해 사용해서는 안된다.

철사와 탄소천 사이의 접점을 멀티 미터를 사용하여 저항을 측정해 봄으로써 전기가 흐르는 것을 확인해 보라. 저항값은 매우 작아야 한다.

연료전지에 필요한 박테리아의 확보

여러분은 이제 연료전지에 사용할 박테리아를 구해야 할 것이다. 서로 다른 종류의 박테리아를 사용해도 되며, 심지어 강 바닥의 오니층에서 박테리아를 채집해 올 수도 있을 것이다. 이때 주의할 것은 박테리아를 채집할 때는 안전을 위해 반드시 장갑을 껴야 한다.

우리는 산화극에는 산소를 배제해야만 하고, 환원극에는 산소를 채워 넣어야 한다. 산소가 풍부한 환경을 만들어주기 위해 수족관용 공기 펌프를 사용하는데, 이 작은 펌프는 수족관에 공기 방울을 계속 공급하여 물고기들이 잘 살 수 있게 해준다.

실험을 위해서는 산화극 용기에서 산소를 없애야 할 필요가 있는데, 이를 위해서는 여러 가지 방법이 있다. 마개나 뚜껑 또는 다른 대안으로는 생물학적으로 변화될 용액 위에 식용유를 부어 두는 것인데, 이렇게 하면 산소가 침투하는 것을 방지할 수 있다. 물과 기름은 섞이지 않기 때문에 식용유는 수용액 위로 떠올라 층을 형성할 것이다.

공기 펌프는 공기를 수족관 튜브의 아래쪽으로 밀어 내며, 튜브 끝에는 '기포발생기'를 추가로 장치할 수 있다. 기포발생기(그림 9-2)는 작은 다공성 세라믹 조각인데, 공기 펌프로부터 오는 공기를 받아들여서 이를 작은 공기 방울로 바꾸어 준다. 이 기포발생기의 효과는 유리컵에 담긴 파이프를 보면 확인할 수 있다(그림 9-3). 평범한

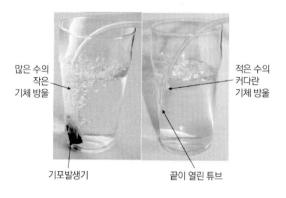

많은 수의
작은
기체 방울

적은 수의
커다란
기체 방울

기포발생기

끝이 열린 튜브

그림 9-3 기포발생기의 유무에 따른 변화.

파이프를 통해 공기가 나오게 되면 큰 방울이 몇 개 생기지만, 기포발생기가 달리게 되면 수많은 작은 방울들이 생기게 된다.

작은 공기 방울들이 많이 발생하게 되면 물과 접촉하는 공기 방울의 표면적이 최대로 늘어나 연료전지의 반응 속도가 증가하게 되므로 기포발생기를 설치하는 것은 매우 중요하다.

🔹 미생물 연료전지의 발전

산화극 용기에는 'A'라고 표기하고 환원극 용기에는 'C'라고 표기한다. 연료전지 작동을 위해 연료들을 각각의 용도에 맞게 용기에 넣는 것은 매우 중요하다.

• 산화극: 박테리아가 혼합되어 있는 접종액을 첨가한다.

• 환원극: 전해질인 소금물을 첨가한다.

멀티 미터를 미생물 연료전지의 양쪽 단자에 연결한다. 이를 위한 가장 쉬운 방법은 바나나 잭을 멀티 미터에 납땜하여 직접 연결하는 것이다.

그림 9-5는 미생물 연료전지가 어떻게 구성되는지를 나타내는 도표인데 P-트랩과 어셈블리를 단순화시켜서 미생물 연료전지의 구성을 시각적으로 표현하였다. 산화극 용기에는 공기로부터 고립된 박테리아가 저장되어 있다.

내부적으로 박테리아는 음식을 소화하여 산화극 단자에 전자를 제공한다. 산화극은 전자를 잃는 전극이므로, 산화 반응이 이 전극에서 발생한다.

본 연료전지에 사용된 박테리아는 매개체가 필요 없는 박테리아이다(그림 9-6). 즉, 박테리아에서 전극으로 전자의 전달을 중재해줄 어떤 종류의 화학종도 첨가하지 않았다는 뜻이다.

'LEO가 GER라고 트림한다(전자를 잃으면 산화반응이고, 전자를 얻으면 환원반응이다)'를 기억하라. 따라서 전극으로 전자를 잃게 되면 산화 반응이 일어나는 것이다. 이 전자들은 외부 회로를 따라 환원극으로 전달된다.

산소는 전해질 용액을 통해 끊임없이 공급되고 있다.

반대쪽 전극에서는 전해질을 통해 산소가 공기 방울로 공급되고 있으며, 환원전극은 전자를 얻으므로 환원 반응이 일어난다.

한쪽 전극이 산화되고 다른 전극이 환원되는 산화-환원 사이클을 살펴보았으며, 염다리는 고립되어 있는 두 용기에 들어 있는 용액들 사이에서 이온들이 이동할 수 있는 통로를 제공한다.

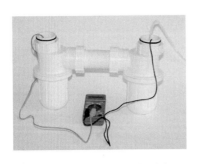

그림 9-4 완성된 미생물 연료전지.

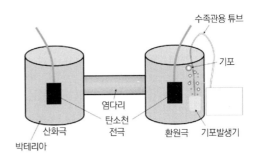

그림 9-5 미생물 연료전지 구조도.

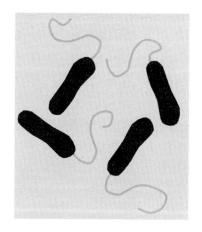

그림 9-6 금속환원 박테리아.

Loss Equals Oxidation
Gain Equals Reduction

그림 9-7 LEO가 GER라고 트림한다: '전자를 잃으면 산화이며, 전자를 얻으면 환원이다'를 가장 잘 기억하는 방법.

그림 9-8 산화-환원 사이클.

매개체가 없는 미생물들은 전자를 옮겨줄 외부의 도움 없이 직접 전자를 전극에 전달한다.

다른 종류의 미생물 연료전지

인터넷에는 다른 많은 종류의 미생물 연료전지가 제시되어 있다. 다양한 접근법이 시도된 이유는 미생물 연료전지를 성공적으로 구현하기 위해서이며, 현재까지 아마추어에 의해 제시된 흥미로운 결과들이 있다.

나는 여러분이 애비 그로프(Abbie Groff)의 미생물 연료전지 연구결과를 살펴 보았으면 한다. 내가 그 기사를 보았을 때, 그녀의 연구 결과는 이 프로젝트를 진행하는 데 많은 도움을 주었다.

- http://www.instructables.com/id/Simple-Algae-Home-CO2-Scrubber-Part-III-An-Algae/

여기에는 애비 그로프의 관련 기사가 실렸는데, 그녀의 새로운 시도는 미생물 연료전지 세상에 새로운 시각을 제공해 주었다. 여러분도 새로운 발견의 주인공이 될 수 있다.

- http://www.engr.psu.edu/ce/enve/logan/bioenergy/newspapers/Abbie%20Groff4.pdf

시칸더 포터-질의 프로젝트 역시 흥미로운 읽을거리를 제공한다.

- http://www.engr.psu.edu/ce/enve/logan/bioenergy/pdf/MFC-Sikandar.pdf

에릭 에이 질크도 흥미로운 결과를 발표했다.

- http://www.engr.psu.edu/ce/enve/logan/bioenergy/pdf/Engr_499_final_zielke.pdf

위와 같이 펜실베니아 주립대학교는 미생물 연료전지에 대한 상당히 방대한 자료를 구축하고 있다.

- http://www.engr.psu.edu/ce/enve/logan/bioenergy/mfc_make_cell.htm

만약 과학영재들이 여기에서 다루는 내용과 같은 미생물 연료전지를 직접 만든다면, 그들은 여러분의 기사도 기꺼이 작성해줄 것이다. 여러분이 미생물 연료전지 프로젝트를 성공하였다면 자세한 사항을 blogan@psu.edu로 메일을 보내기 바란다.

💬 매개체 있는 미생물 연료전지

매개체가 필요 없는 미생물은 전자를 전달하기 위해 어떤 도움도 없이 전자를 직접 전극에 전달한다. 우리가 만들었던 미생물 연료전지도 매개체가 없는 것이었다. 왜냐하면 미생물과 전극 사이를 중재할 어떤 화학종도 없었기 때문이다(그림 9-9).

여기에 미생물 연료전지의 또 다른 유형인 매개체 미생물 연료전지가 있다. 이러한 연료전지에는 미생물이 생산한 전자를 연료전지에 전달하는 것을 도와주는 화학종이 있으며, 이를 그림 9-10에 도식화 하였다.

레딩대학교의 바이오기술연구센터는 매우 컴팩트한 미생물 연료전지 키트를 개발하였다. 그 키트는 1990년에 발표된 피터 베네토의 논문에서 논의된 원리에 기초한 것이다.

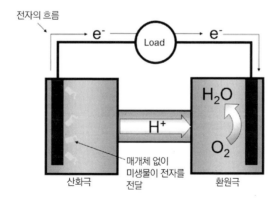

그림 9-9 매개체 없는 미생물 연료전지.

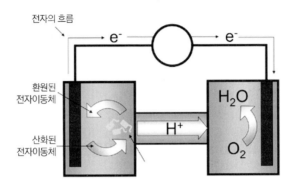

전자의 흐름

환원된
전자이동체

산화된
전자이동체

그림 9-10 매개체 있는 미생물 연료전지.

그림 9-10은 매개체가 있는 연료전지 내부에서 무슨 일이 일어나는지 보여 주고 있다. 레딩대학교의 키트에서는 효모가 박테리아로 사용되었고, 메틸렌블루가 박테리아와 전극 사이에서 전자를 전달해주는 매개체로 사용되었다.

레딩대학교는 온라인 저널인 'Bioscience-Explained'에 그들의 미생물 연료전지에 대한 정보를 출판하였으며, 해당 논문은 다음 사이트에서 다운 받을 수 있다.

- http://www.bioscience-explained.org/ENvol1_1/pdf/FulcelEN.pdf

💬 더 읽을거리

- H.P. Bennetto(1990) Electricity generation from micro-organisms: www.ncbe.reading.ac.uk/NCBE/MATERIALS/MICROBIOLOGY/PDF/bennetto.pdf

- H. Liu and B.E. Logan(2004) Electricity generation using an air-cathode single chamber microbial fuel cell in the presence and absence of a proton exchange membrane: www.engr.psu.edu/ce/enve/publications/2004-Liu&Logan-ES&T.pdf

CHAPTER 10

고온형
연료전지

FUEL CELL PROJECTS

지금까지 우리는 가정에서 안전하게 실험할 수 있는 것들만 살펴보았다. 이제까지 다룬 연료전지들을 통상적으로 저온형 연료전지라고 하는데, 이 외에 다른 응용분야에 이용할 수 있는 고온형 연료전지도 있다.

표 10-1과 같이 연료전지는 크게 5종류로 나뉠 수 있다. 이 표에서 직접 메탄올 연료전지는 동일한 전해질을 이용하여 작동되기 때문에 고분자전해질 연료전지로 묶어서 분류하였다.

불행하게도 연료전지가 고온에서 작동되기 때문에 고온형 연료전지를 직접 조립하거나 작동해볼 수는 없지만, 연료전지 기술에 대해 완전히 이해하기 위해서는 고온형 연료전지의 원리라도 익혀 보는 것이 좋을 것이다.

표 10-1 연료전지 기술의 비교

	고분자전해질 연료전지	알칼리 연료전지	인산형 연료전지	용융 탄산염 연료전지	고체 산화물 연료전지
전해질	H^+	OH^-	H^+	CO_3^-	O^-
내부개질 가능여부	×	×	×	○	○
산화제(공기)	−	정제한 공기	−	−	−
산화제(산소)	−	−	−	−	−
작동온도	65~85℃	90~260℃	190~210℃	650~710℃	700~1000 ℃
	150~180℉	190~500℉	370~410℉	1200~1300 ℉	1350~1850 ℉
시스템 효율	25~35%	32~40%	35~45%	40~50%	45~55%
오염원	CO, S, NH₃	CO, CO₂S, NH₃	CO, S	S	S

고온형 연료전지는 고분자전해질 연료전지에서 다룬 것처럼 역시 스택의 형태로 사용될 수 있다. 그림 10-1은 고체 산화물 연료전지를 나타내는데, 분리판, 산화극 전극판, 전해질판, 환원극 전극판이 순서대로 있는 샌드위치 형태가 반복적으로 적층되어 있다. 연료는 가운데 파이프를 통해서 공급되고 공기는 가운데 파이프 옆에

그림 10-1 고체 산화물 연료전지 스택. Technology Management Inc.의 양해 하에 게재.

그림 10-2 실험실에 갖춰진 고체 산화물 연료전지 스택과 부대 장치. Technology Management Inc.의 양해 하에 게재.

있는 2개의 파이프를 통해서 공급된다.

고온형 연료전지도 추가적인 부대 장치들이 필요하기 때문에, 연료전지 작동에 필요한 부대 장치들은 그림에 나타낸 스택의 규모를 벗어나게 된다. 그림 10-2에 1 kW

그림 10-3 1 kW 고체 산화물 연료전지 스택.

고체 산화물 연료전지의 전체 시스템을 나타내었는데, 여기에는 그림 10-1에 보인 스택이 포함되어 있다.

고온형 연료전지는 이름이 암시하듯이 고온에서 작동되기 때문에, 아주 적은 양의 전기를 생산하기 위해서도 많은 종류의 부대 장치들이 필요하므로, 작은 용량일 경우 경제적이지 못하다. 예를 들면, 그림 10-3에 보인 1 kW 고체 산화물 연료전지보다 작은 크기의 고온형 연료전지를 만드는 것은 어렵다.

이제 3가지 종류의 고온형 연료전지에 대해, 각 기술의 특징을 중심으로 간단하게 살펴보도록 하자.

💬 인산형 연료전지

인산형 연료전지에 사용되는 전해질은 실리콘 카바이드 지지체에 고농도로 농축된 인산이 함침되어 있는 형태이다.

인산형 연료전지에서 고온이 필요한 이유는 인산이 저온에서는 이온을 전달하는 능력이 부족하기 때문이다. 게다가 저온에서는 연료가 쉽게 일산화탄소에 의해 피

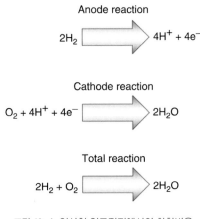

Anode reaction

$$2H_2 \Rightarrow 4H^+ + 4e^-$$

Cathode reaction

$$O_2 + 4H^+ + 4e^- \Rightarrow 2H_2O$$

Total reaction

$$2H_2 + O_2 \Rightarrow 2H_2O$$

그림 10-4 인산형 연료전지에서의 화학반응.

독되기도 한다.

또한, 인산은 섭씨 40도만 되면 고형화 되는데, 이 때문에 인산형 연료전지는 저온에서의 시동이 매우 곤란하다. 이러한 운전의 복잡성 때문에 인산형 연료전지는 빌딩과 같이 저온 시동이 필요 없이 계속적으로 운전이 가능한 곳에 이용된다.

빌딩에 사용되는 것 외에도 인산형 연료전지는 특정 지역의 발전을 보조하는 미니 발전소와 같은 곳에서도 사용된다.

인산형 연료전지 작동으로 인해 발생하는 추가의 열은 반드시 제거되어야 하는데, 자동차의 내연기관 엔진을 식히기 위해 사용되는 냉각수처럼 인산형 연료전지에서도 냉각수가 스택을 식히기 위해 사용된다.

인산형 연료전지는 가장 오래된 연료전지 기술 중 하나이므로, 현재 많은 곳에서 상업적으로 운전되고 있다.

 웹사이트

여러분이 인산형 연료전지에 관심이 있고 좀 더 많은 자료를 원한다면 아래의 웹 사이트에 방문해 보기를 추천한다.

- www.nfcrc.uci.edu/EnergyTutorial/pafc.html

- www.fossil.energy.gov/programs/powersystems/fuelcells/fuelscells_phosacid.html

- americanhistory.si.edu/fuelcells/phos/pafcmain.htm

💬 용융 탄산염 연료전지

용융 탄산염 연료전지 역시 매우 높은 온도에서 작동된다. 전해질은 세라믹 지지체에 용융 탄산염 혼합액이 함침되어 있는 형태이다. 현재의 용융 탄산염 연료전지는 탄산 리튬과 탄산 칼슘 혹은 탄산 리튬과 탄산 나트륨과 같이 2종류의 탄산염을 혼합하여 사용한다. 용융 탄산염 연료전지는 높은 온도에서 작동되기 때문에 촉매로서 백금을 사용할 필요 없이, 비귀금속 계열의 값싼 물질을 촉매로 사용할 수 있다.

용융 탄산염 연료전지는 발전효율이 높으며, 만약 연료전지가 방출하는 폐열까지 활용한다면 더 높은 효율을 얻을 수 있다. 연료전지에서 발생된 열은 다른 공정을 위해 사용될 수 있기 때문에 버려지는 에너지를 줄이고 좀 더 많은 에너지를 이용할 수 있게 된다.

또한, 수소 외의 다른 연료도 내부적으로 개질하여 사용할 수 있으므로 사용 가능한 연료의 유연성이 크다.

뿐만 아니라 용융 탄산염 연료전지는 고온에서 작동되기 때문에 일산화탄소나 이산화탄소에 의한 피독 현상도 피할 수 있다. 하지만 연료에 포함된 황 성분은 여전

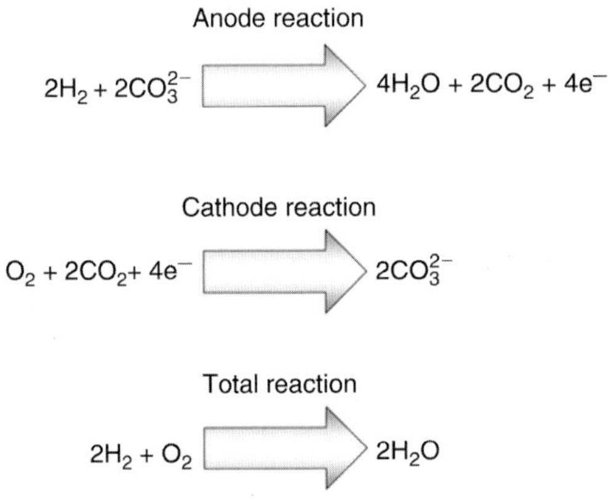

Anode reaction

$$2H_2 + 2CO_3^{2-} \longrightarrow 4H_2O + 2CO_2 + 4e^-$$

Cathode reaction

$$O_2 + 2CO_2 + 4e^- \longrightarrow 2CO_3^{2-}$$

Total reaction

$$2H_2 + O_2 \longrightarrow 2H_2O$$

그림 10-5 용융 탄산염 연료전지에서의 화학반응.

히 문제가 되기 때문에 연료전지에 공급되기 전에 연료로부터 제거되어야 한다.

용융 탄산염 연료전지는 고온에서 작동하기 때문에 처음 연료전지를 시동하는데 일정한 시간이 소요되며, 또한 연료전지가 효율적으로 작동되기 위해서는 연료전지의 열을 보전하기 위해 열차폐 또는 단열이 필요하다.

현재 용융 탄산염 연료전지가 가지는 가장 큰 문제점은 내구성이다. 전해질에 사용되는 일부 물질들은 부식성이 매우 크기 때문에, 연료전지가 고온에서 작동될 경우 조기에 연료전지 성능이 감소하는 결과를 초래할 수 있다.

 웹사이트

여러분이 용융 탄산염 연료전지에 관심이 있고, 좀 더 많은 자료를 원한다면 아래의 웹 사이트를 방문할 것을 추천한다.

- www.fuelcellmarkets.com/fuel_cell_markets/molten_carbonate_fuel_cells_mcfc/

- www.fossil.energy.gov/programs/powersystems/fuelcells/fuelcells_moltencarb.html

- en.wikipedia.org/wiki/Molten_carbonate_fuel_cell

- americanhistory.si.edu/fuelcells/mc/mcfcmain.htm

- www.nfcrc.uci.edu/EnergyTutorial/mcfc.html

💬 고체 산화물 연료전지

고체 산화물 연료전지는 매우 높은 온도에서 작동되므로 주로 정치형 응용분야에 이용되어 왔다. 고체 산화물 연료전지가 만들어내는 가스들은 매우 뜨겁기 때문에 가스 터빈을 돌려서 발전하는데 사용될 수도 있다. 게다가 터빈에서 나오는 열은 난방의 목적으로 다시 이용되기도 한다.

Anode reaction

$$H_2 + O^{2-} \longrightarrow H_2O + 2e^-$$

Cathode reaction

$$1/2 O_2 + 2e^- \longrightarrow O^{2-}$$

Total reaction

$$H_2 + 1/2 O_2 \longrightarrow H_2O$$

그림 10-6 고체 산화물 연료전지에서의 화학반응.

고체 산화물 연료전지도 매우 높은 온도에서 작동되기 때문에 연료전지에 사용되는 재료들도 전자의 전달이나 이온의 전달이 고온에서만 높은 활성을 보인다.

용융 탄산염 연료전지와 같이 고체 산화물 연료전지도 작동을 위해 고온이 필요하므로 처음 시동할 때 일정한 시간이 필요하며 연료전지의 효율을 높이기 위해서는 연료전지의 단열이 절대적으로 필요하다.

또한, 고온에서 작동되기 때문에 일산화탄소에 의한 연료전지의 피독은 더 이상 문제가 아니지만 고체 산화물 연료전지는 황의 피독 현상에는 매우 민감하므로 연료의 공급 전에 황 성분을 꼭 제거해야 한다.

고체 산화물 연료전지는 피독에 강하고 연료전지 내부에서 연료를 개질할 수 있기 때문에 수소를 포함하는 다른 종류의 연료들을 사용할 수 있다.

용융 탄산염 연료전지와 같이 연료전지 내부에서 연료의 개질이 가능하다는 것은 가스 파이프에서 나오는 천연 가스를 직접 연료전지에 공급하더라도 중간단계의 장치 없이 연료의 형태를 바꿀 수 있다는 것이다. 이로 인해 고체 산화물 연료전지의 응용 분야는 매우 다양해질 수 있다.

 **웹사이트**

다음은 고체 산화물 연료전지에 대한 정보를 제공하고 있는 웹 사이트이다.

- www.svec.uh.edu/SOFC.html

- www.fossil.energy.gov/programs/powersystems/fuelcells/fuelcells_solidoxide.html

- www.iit.edu/~smart/garrear/fuelcells.htm

- www.azom.com/details.asp?ArticleID=919

CHAPTER **11**

직접 만드는
연료전지

PROJECT 32 : 나만의 MEA 만들기

지금까지 이 책을 잘 따라왔다면 원재료부터 연료전지를 직접 만들기 위해 필요한 여러분의 지식을 활용할 때가 되었다. 본 장에서는 고분자전해질 연료전지를 만드는데 필요한 약간의 기술들에 대해 살펴보고자 한다.

아직 기초 지식이 많지 않다면, 직접 메탄올 연료전지에 대해 설명해놓은 8장의 밴드에이드 연료전지 만들기를 잠깐 읽어 보도록 하자. 밴드에이드 연료전지는 연료전지가 얼마나 간단한 것인지를 보여주기 위해 고안한 것으로, 단순히 올바른 재료를 선택하여 올바른 순서로 샌드위치 구조를 만들기만 하면 된다.

연료전지를 조립하는 방법이 쉽게 보일지라도, 연료전지를 제조하는 기술에서는 모든 구성 성분들이 최적화되어야 한다. 이것은 생산자들의 주된 업무가 되며, 그들은 매일 연료전지를 보다 값싸고 작게 만들기 위해 일하고 있다.

본 장에서는 연료전지를 제조하기 위한 재료, 도구, 기술에 대해 간단히 살펴보고자 한다. 원재료로부터 연료전지를 직접 만드는 게 아니라 이미 상당 부분 상용화되어 있는 재료들을 활용한다면 연료전지를 직접 만드는 것은 보다 쉬울 것이며, 이를 통해 연료전지를 만드는 경험이나 기술 또는 자신감을 습득할 수 있다. 그런 다음, 직접 만든 재료와 상용화된 재료 사이의 비율을 조금씩 변화시키면서 연료전지를 만들어 볼 수도 있다. 만약 모두 원재료를 이용하여 만들기 시작한다면 상용화할 수 있는 연료전지를 만들게 되는 것이다.

이제 우리의 연료전지를 우리만의 방식으로 만들기 시작해 보자.

연료전지는 다양한 크기나 형태로 만들 수 있지만, 규격화된 크기를 가지는 부품이나 구멍, 전해질 면적을 활용해야 한다. 연료전지 만들기에 숙달되기 전까지는 규격화된 부품을 가지고 시작하는 것이 좋고, 나중에는 새로운 부품들을 이용하는 것이 좋다. 이렇게 하면 기존 유형의 부품들의 치수를 활용할 수 있고, 그 후 변수들을 하나씩 변경해가며 그러한 변화가 연료전지 성능에 어떤 영향을 미치는지 확인할 수 있을 것이다.

💬 처음으로 만드는 연료전지 부품

➖ 끝판(End-plates)

연료전지에서 사용되는 끝판은 연료전지의 내부 부품들을 강하게 지지하고 결속할 수 있을 만큼 딱딱해야 한다. 왜냐하면 끝판은 수소와 산소의 공급을 위한 연결부를 고정해야 하고 샌드위치 구조의 연료전지를 양쪽에서 압착하여 고정할 수 있어야 한다.

다양한 종류의 재료들이 끝판에 사용될 수 있지만, 끝판에 사용될 재료는 전기 절연성이 있어서 전자가 외부로 손실되는 것을 막아 주어야 한다. 얇은 유리섬유가 강하고 작업성도 좋기 때문에 이상적인 끝판의 재료로 사용된다. 일부 플라스틱들이 끝판으로 사용되기는 하지만 충분히 딱딱해야 한다. 너무 잘 구부러지는 재료를 사용하면 MEA(막전극접합체)를 스택의 중심부에 지지할 충분한 기계적 강도를 제공하지 못하기도 한다.

또한, 끝판은 MEA와의 접촉을 유지한 채, 연료전지의 바깥 쪽이나 중심부에 나사나 볼트를 체결하기 위해 압력이 가해질 때 지나치게 구부러지지 않아야 한다.

그림 11-1 끝판의 제작에 적당한 얇은 유리섬유.

힌트

끝판의 제작이 어렵다면 Fuel Cell Store에서 10 cm × 10 cm 크기의 연료전지 스택에 맞는 끝판을 구매할 수 있다(제품번호: 590300).

끝판을 만들기 위해 그림 11-1에 보인 것과 같은 얇은 유리섬유를 준비한다. Fuel Cell Store는 끝판 재료로 적당한 가로라이트(garolite, 제품번호 72043001)를 판매하는데, 이것은 유리섬유와 에폭시를 사용하여 제작된 것이다.

끝판은 스택에 압력을 가하면서 강하게 체결하기 위해 볼트와 너트를 끼울 구멍이 필요하다. 그 구멍들은 양쪽 끝에 너트와 함께 나사산이 있는 막대를 끼우기 위해서도 필요하다.

또한, 끝판은 수소와 산소를 공급하는 연결부와 사용 후 연료와 공기가 배출되는 연결부를 고정하기도 한다. 연료전지의 가장 단순한 구조는 수소와 공기를 사용하는 것인데, 이 경우는 산소를 공급하기 위해 파이프를 따로 연결할 필요는 없다. 여러분이 고분자전해질 연료전지를 배운 장에서 다룬 것들을 다시 생각해 보면, 고분자전해질 연료전지는 플라스틱 끝판에 한 부분으로 장착된 내부 연결부들을 가진다는 것을 알 수 있다. 하지만 얇은 유리섬유를 이용해 끝판을 만든다면 플레이트에 연결부를 고정할 방법을 고안해내야 한다.

그림 11-2에 보인 끝판은 네 모퉁이에 고정을 위한 4개의 구멍이 있고, 플레이트의 위쪽에 수소의 유입과 배출을 위한 2개의 연결부가 있다.

그림 11-2는 하나의 에이므로, 끝판이 가지는 구멍과 연결부의 위치는 약간씩 다를 수 있다. 끝판은 연료전지의 스택을 구성하는 부품 중에 제조하기가 가장 쉬운 것들 중 하나이기 때문에 다른 구멍과 연결부의 위치를 유로 주변에 필요에 따라 디자인하는 것이 가장 좋다.

그림 11-2 끝판의 예.　　　　　　　　　그림 11-3 바브 형태의 기체 연결부.

여러분이 끝판을 제작할 장치들이 없어서 직접 만들 수가 없다면, 적절한 구멍과 유로를 가지고 있는 끝판을 Fuel Cell Store에서 구매하면 된다. 끝판 키트는 가스 공급을 위한 연결부가 이미 장착되어 있고 연료전지를 함께 고정할 수 있는 8개의 절연된 고정부를 가지고 있다. 제품번호는 590300이다.

기체 배관을 연결하기 위한 많은 연결용 부품들이 있으며, 끝판에는 그림 11-3에 보이는 것과 같은 바브(barb) 형태의 연결부품을 사용하여 기체가 새지 않게 할 수 있다. 이러한 바브는 끝판과는 나사선을 이용하여 체결되고, 파이프와는 단순히 눌러서 체결할 수 있다. 만약 이로서 충분하지 않다면, 에폭시와 같은 접착제를 이용하여 새는 것을 막아야 할 것이다.

● 흑연 유로판

다음번 부품은 양쪽의 끝판 사이에 위치한 유로(판)이다. 이 유로는 연료전지 스택 전체에 걸쳐 기계적으로 가공되어 있어서 기체가 유입되어 MEA 전체로 분배되도록 한다. 기체가 분배되는 것을 도와주고 MEA를 물리적으로 지탱하는 역할 외에도, 유로판은 기체확산층과 접촉하여 전기가 흘러갈 수 있도록 하는 기능도 한다.

여러분은 연료전지가 수소와 공기 또는 수소와 산소로 작동될지에 대한 결정을 해야할 것이다.

두 가지의 연료전지 유형에 대해 수소의 공급은 비슷한 유로 디자인을 갖는다. 예를 들면, 연료전지 끝에 연결된 튜브를 통해 수소가 공급되고 흑연에 형성된 유로를 통해 MEA 전체에 분배되게 된다. 그림 11-4는 수소 공급을 위한 유로판을 나타낸다. 유로판 각 코너에 4개의 구멍이 있는 것에 주목하라. 이 구멍에 끼워진 볼트는 모든 플레이트를 함께 고정하여 전체를 조립하는 기능을 한다. 반면에 플레이트 상부에 직은 2개의 구멍을 볼 수 있나. 이 구멍들은 아래 그림에서 볼 수 있듯이 구불구불하게 연결되어 있어서 수소 공급부에 연결되어 있다.

만약 연료전지가 수소와 산소를 이용하여 작동된다면 그림 11-4와 유사한 형태를 사용할 수 있지만, 산소 공급을 위한 구멍은 다른 위치에 있어야만 한다. 그러면 반대쪽 끝판의 다른 위치에 연결된 구멍을 통해 산소가 공급되어 수소가 MEA에 공급되는 반대쪽 면에 걸쳐서 산소가 분배되게 된다.

이에 반해 연료전지가 수소와 공기로 작동된다면 산소를 공급하는 쪽의 유로는 직선으로 형성되어, 외부에서 공급된 공기가 MEA와 접촉하고 있는 직선 유로로 흐르

그림 11-4 수소 유로판.

그림 11-5 수소와 공기로 운전되는 연료전지에 적합한 유로판.

게 된다. 이 구조에서는 공기 공급을 위한 튜브가 없어서 공기는 연료전지의 아래쪽에서 공급되어 위쪽으로 배출되며, 연료전지에서 발생하는 열 때문에 생기는 자연 대류 현상에 의해 공기의 순환은 빨라진다. 직선 유로는 그림 11-5에 나타내었다. 추가적으로 공기의 공급을 증대시키기 위해서 스택의 바깥쪽에 팬을 부착하여 공기를 강제로 공급할 수도 있다.

 힌트

여러분이 유로 디자인에 대한 다양한 유형을 보고 싶다면 그림 7-10(직선형 유로), 7-11(맞물린 유로), 7-12(뱀모양 유로), 7-13(나선형 유로)을 다시 한 번 확인하도록 한다.

여러분이 직접 유로판을 제작하기 어렵다면 기계적으로 제작된 유로판을 구매할 수 있다. Fuel Cell Store나 Fuel Cell Market과 같이 연료전지와 관련된 웹사이트를 방문하면 다양한 종류로 제작된 유로판을 확인할 수 있다. 관련된 홈페이지는 www.fuelcellmarkets.com/fuel_cell_markets/products_and_services/ 2,1,1,17.html?q=bipolar_plates이다.

여러분이 연료전지 단전지를 만들고 싶다면, 한쪽에만 유로가 형성된 산화극 플레이트와 역시 한쪽에만 유로가 형성된 환원극 플레이트만 있으면 된다. 하지만, 연료전지 스택을 제작하기 위해서는 양극판이 필요하다. 양극판의 한쪽은 수소 공급을 위한 유로가 형성되고 있고 다른 한쪽은 산소(또는 공기) 공급을 위한 유로로 형성되어 있다. 이 양극판은 수소와 산소를 물리적으로 분리시켜 놓는 역할도 하지만 스택 전체에 걸쳐 전기가 흐를 수 있게 하는 전기 전도체 역할도 한다. 이러한 양극판들은 산화극 끝판과 환원극 끝판 사이에 위치하게 된다.

여러분이 직접 유로를 제작하기를 원한다면 먼저 제작하고 싶은 연료전지와 같은 크기로 잘라진 탄소 판이 필요하다. 탄소 판의 두께는 가스가 흐르는 통로 역할을 하는 유로를 밀링기로 제작할 수 있을 만큼 충분히 두꺼워야 한다. 그림 11-6은 유로판 제작에 적합한 탄소 판을 보여 준다.

여러분은 기계 가공과 표면 처리가 모두 끝난 유로가공이 가능한 탄소 판을 직접 구매할 수도 있고, 아니면 흑연 블록을 구매한 후 이를 잘라 탄소판을 직접 만들 수도 있다. 흑연 블록을 두께 방향으로 자르기 전에 직사각형(또는 정사각형) 모양의 흑연의 각 면들의 편평도를 확인해야 한다.

흑연은 부드러워서 밀링기로 작업하기에 아주 적절한 소재이기 때문에 유로를 형성하기 위한 특수한 장치가 필요하지는 않다. 흑연 블록을 가지고 작업할 때 약간의 물을 부어 주면 커팅 공정도 쉽고 작업대를 냉각시킬 수도 있다. 흑연은 윤활성도 가지고 있기 때문에 커팅할 때 나오는 먼지를 없애거나 열을 제거하기 위한 특수 유체를 사용할 필요도 없다. 흑연판에 구멍을 뚫거나 밀링할 때는 가능한 느린 속도로 하는 것이 좋다. 즉, 흑연을 가공할 때 고속으로 일할 필요가 없다는 뜻이다.

흑연 블록을 가공하는 도구에는 여러 가지 옵션이 있다. 가장 쉬운 방법은 Dremel Multi와 같이 수작업이 가능한 다기능 조각도구를 사용하는 것이다. 이것을 이용하면 탄소에 직접 홈을 팔 수가 있으며, 구멍을 내기 위해서는 탁상용 드릴을 이용하면 된다.

그림 11-6 유로제작에 적합한 가공하지 않은 흑연판.

좀 더 세밀한 가공을 할 수 있는 작업장이 있다면, 밀링기를 이용하여 뱀모양 유로 형성을 위한 직선 홈을 가공할 수 있다. 밀링기를 이용할 수 있는 곳에 있다면 제품을 평평한 작업대에 올려 놓고 여러 가지 변수를 제어해야 한다. 낡은 Etch A Sketch 유형의 기계라면 X와 Y, 두 가지의 손잡이를 이용하여 가공(커팅)할 수 있다. 또한, 가공 비트를 Z방향으로 내리거나 들어 올림으로써 가공을 시작하거나 멈추게 할 수도 있다.

이렇게 하면 단일 유로를 잘 만들 수 있을 것이다. 하지만 연료전지 스택을 제작하고 있다면 이러한 형태의 유로 형성은 성가신 작업이므로 좀 더 빨리 할 수 있는 방법을 찾아야 한다. 뿐만 아니라 수작업으로 유로를 형성한다면 작업상 오차가 날 수도 있어서 양극판들이 스택 제작 시 올바르게 조립이 되지 않을 수도 있다. 유로 제작에 있어서 가장 중요한 것은 CNC 선반에 투자하는 것이다. CNC는 컴퓨터가 수치를 제어하는 것으로, 컴퓨터 프로그램을 이용하여 설계한 디자인을 직접 기계로 보내어, 설계한 양식대로 재료를 자동으로 가공을 하게 된다.

CNC 선반의 보유는 디자인 관련 학교를 중심으로 점점 늘어나는 추세이므로, 관련된 일에 종사하시는 분과 친분이 있다면 유로를 쉽게 제작할 수 있다.

이에 반해 Parallax와 같이 아주 간단한 작업을 할 수 있는 CNC 선반이 있기도 하다. 이것은 매우 가볍기 때문에 유료 형성과 같은 작업에 매우 탁월하게 사용된다. 이 장비는 가격적인 측면에서도 상용 CNC 선반보다 훨씬 더 유리하다.

일단 흑연 유로판이 제작되면 유로판과 MEA와의 접촉이 매우 중요하므로 유로의 표면은 가능한 한 최대로 부드러워야 한다. 마르거나 젖은 사포는 유로 표면의 불순물을 제거하는데 좋은 도구이므로, 굵은 사포로 닦기 시작하여 점점 부드러운 사포로 연마하는 것이 좋으며 600번 정도의 사포까지 연마하면 충분하다. 한 가지 중요한 것은 바닥이 평평한 연마용 바닥판을 사용하는 것이며, 이는 유로판의 각각의 면이 얼마나 평평한지를 결정하는 매우 중요한 요소이다.

막−전극 접합체(MEA)

고분자전해질 연료전지에서는 전해질, 전극, 기체확산층 등이 어떻게 조립되는지를 잘 알고 있어야 한다. 전해질과 백금, 그리고 전극이 만나는 곳에서 연료전지 작동에 필수적인 화학반응이 일어나며, 우리는 이미 고분자전해질 연료전지를 다루는 장에서 이러한 반응이 어떻게 일어나는지 살펴 보았다.

제대로 제작되어 있는 MEA를 구매할 수도 있지만 직접 제작을 한다면, 제작에 사용된 재료들이 연료전지 성능에 어느 정도 기여하는지도 알 수 있고, 궁극적으로는 여러분이 직접 값싼 가격에 MEA를 생산할 수도 있다. 뿐만 아니라 촉매를 코팅하는 방법에도 많은 변화를 줄 수 있기 때문에 실험과 지식의 습득 측면에서 다양한 유연성을 확보할 수 있다.

MEA 제조에서 촉매를 코팅하는 것은 불순물에 매우 민감하기 때문에 매우 조심스러운 작업이다. 그러므로 MEA를 직접 만들건, 구매하건 간에 깨끗한 면장갑을 끼고 다루어야 MEA의 손상을 최소화할 수 있다. MEA는 매우 조심스럽게 다루되, 가능하다면 가운데 부분을 잡는 게 아니라 가장자리 부분을 잡고 다루는 것이 좋다.

그림 11-7 상용 MEA.

그림 11-8 MEA를 취급할 때는 항상 면장갑을 착용하도록 한다.

PROJECT 32

나만의 MEA 만들기

연료전지 실험의 핵심은 MEA를 직접 만들어보는 것이다. 이를 위해서는 다소 정교한 재료들과 상대적으로 값싼 도구들이 필요하다. 고분자전해질 연료전지에서 배웠던 MEA를 상기하는 측면에서, 다시 한 번 언급하면 MEA는 말 그대로 막과 전극을 접합해놓은 것이다.

MEA는 고분자전해질 막을 포함하는데 듀폰에서 생산하는 나피온을 가장 많이 사용하고 있다. 이 나피온을 탄소천이나 탄소 종이 사이에 끼워서 샌드위치 구조를 이루게 된다. 여기에서 탄소천이나 탄소 종이는 기체확산층을 형성하며, 이는 기체와 물이 백금 촉매표면으로 공급되거나 제거되는 것을 도와 준다.

MEA를 제조하는데 있어서 나피온 용액도 사용할 것인데, 이 용액은 다양한 농도로 제조된 것을 구매할 수 있다.

그림 11-9 나피온 용액의 예.

그림 11-10 나피온 막의 예.

또한, 얇은 막처럼 생긴 나피온 막도 일부 필요하다. 우편물로 나피온 막이 도착하면 필요하기 전까지는 꺼내지 않는 것이 좋다. 왜냐하면 미리 꺼내 두면 쉽게 손상될 수 있기 때문이다.

여러분은 나피온 용액이나 막을 나피온 관련 모든 제품을 취급하는 Fuel Cell Store에서 구매할 수 있다(www.fuelcellstore.com/en/pc/viewCategories.asp? idCategory=89).

⚠ 주의

본 실험을 중·고등학교나 대학교 실험실에서 한다면 반드시 증기 배출 장치가 있어야 한다. 왜냐하면 나피온의 전처리를 위해 과산화수소나 황산을 끓일 때 발생하는 증기로부터 실험자를 보호해야 하기 때문이다. 만약 증기 배출 장치가 없다면, 외부로 환기가 잘 되는 안전한 곳을 선택하여 실험을 해야 한다. 또한, 이 실험을 할 때는 실험복과 산 용액에 강한 장갑을 필히 착용하여 끓는 황산과의 접촉을 절대적으로 피해야 한다. 또한, 앞치마를 착용하거나 굉장히 두꺼운 옷을 착용하여 팔과 다리도 보호해야 한다.

만약 황산이 엎질러지면 가열을 중단하고 즉시 실내로 가서 황산이 묻은 옷을 벗고 어떠한 화학물질도 피부에 오랜 시간 동안 묻어 있지 않도록 물로 여러 번 씻도록 한다.

구입한 나피온 막은 연료전지에 사용하기 전에 전처리 과정을 거쳐야 한다. 그러기 위해서는 음식을 취급할 때 사용하는 것 말고, 화학 약품을 사용할 수 있는 중탕 냄비가 필요하다. 중탕 냄비는 실험실에서 유리를 이용하여 쉽게 만들 수 있는데, 물을 끓이기 위해 필요한 외부의 큰 용기와 간접적으로 물을 끓이기 위한 내부의 용기로 구성된다. 물을 끓이는 단계에서는 온도 조절과 열이 잘 분배될 수 있도록 주의해야 한다. 동시에 용기 두 개의 물을 끓일 수 있는 장치가 있다면, MEA가 담겨 있는 첫 번째 용기의 처리시간이 끝나기 전에 또 다른 용기의 온도를 미리 올려 놓을 수 있기 때문에 매우 유용하다.

주의

금속으로 된 이중 냄비는 본 실험에 적당하지 않다. 과산화수소와 황산과는 어떠한 반응도 하지 않는 유리나 다른 재료를 사용해야만 한다.

이 실험에는 일반적으로 사용하는 유리 온도계 대신 상대적으로 고온을 측정할 수 있는 온도계가 필요하다. 왜냐하면 뜨겁고 끓는 물에 유리 온도계를 담그면 온도계가 손상되어 수은이나 알코올이 새어 나올 수 있기 때문이다. 고온 측정이 가능한 온도계를 온라인에서 구매하려면 사탕 제조업체에 물건을 공급하는 상점을 찾아보라.

여러분은 연료전지 스택에 들어가는 각각의 MEA를 제조하기 위해 나피온 막을 균일한 크기로 절단해야 한다.

그리고 탄소 종이나 탄소천을 나피온 막보다 조금 더 작게 자르게 되는데 여분의 나피온 가장자리 부분은 나중에 전해질 막과 개스킷이 접촉하는 장소로 제공된다.

전해질 막을 전처리 하기 위해서는 3% 과산화수소 수용액, 황산 용액, 그리고 과량의 증류수가 필요하다.

이제 중탕 냄비의 큰 용기에 물을 채우고 끓이기 시작한다. 내부의 작은 용기에도 물을 채우지만 가열은 하지 않는다. 내부 용기 물의 온도가 80도에 도달하면 여기에 전해질 막을 담그고, 한 시간 정도 전해질 막이 수화되기를 기다린다. MEA가 종종 물 위로 떠오를 수 있기 때문에 유리 막대를 이용하여 전해질 막이 잘 잠겨 있도록 조치한다.

1시간이 지나면 또 다른 용기에 3% 과산화수소 수용액을 채우고 80도까지 온도를 올린다. 전해질 막을 물이 채워진 용기에서 과산화수소 수용액이 채워진 용기로 옮기고, 또 1시간을 유지한다. 전해질 막은 투명하기 때문에 취급하기 어려운 점이 있어서 자칫 잃어버리기 쉽다. 따라서 다음 3가지 원칙을 지킨다.

1. 전해질 막을 떨어뜨리지 않는다.

2. 전해질 막에 구멍을 내거나 표면이 긁히지 않게 한다.

3. 전해질 막을 다룰 때 금속 물질을 이용하지 않는다.

처음 증류수를 끓였던 용기의 물을 버리고 황산을 채운 뒤, 다시 80도까지 가열한다.

과산화수소 용액에 담긴 전해질 막을 꺼내어 흐르는 물에 여러 번 세척한 후, 끓는 황산 용액에 담는다. 유리 막대를 이용하여 선해실 막이 항상 수중에 잠겨 있도록 조절한다. 1시간 동안의 황산 처리가 끝나면 80도까지 가열된 증류수에 담아 전해질 막을 세척한다. 모든 과정이 끝나면 전해질 막을 말린 후 금속과 접촉되지 않게 하고 공기가 들어가지 않게 보관한다.

 주의

사용이 끝난 황산은 정해진 원칙대로 처리하는 것을 잊지 말자. 황산을 다른 음식이나 깨끗한 용매와 혼동되지 않게 라벨을 부착하지 않고는 절대 보관하지 않는다. 반드시 명확하기 표기된 라벨을 사용하여 적합한 용기에 보관해야 한다.

● 기체확산층의 준비

기체확산층이 무엇인지 기억나는가? 우선 그림 11-11과 11-12에 각각 보여진 탄소 종이와 탄소천 중에서 하나를 선택하도록 하자.

기체확산층은 촉매로 작용하는 백금과 함께 탄소가 함침되어 있는 종이나 천이며, 연료전지 실험을 위해서 기체확산층을 준비하는 다양한 방법이 있다.

기체확산층 종류의 다양성은 Fuel Cell Store 웹사이트에서 확인할 수 있다(www.fuelcellstore.com/en/pc/viewCategories.asp?idCategory=83).

그림 11-11 탄소 종이 샘플.

그림 11-12 E-Tek사의 기체확산층 샘플.

다음으로 촉매를 탄소 종이나 탄소천으로 옮기는 여러 가지 방법에 대해 살펴 보고
자 한다.

우선 나피온 막과 기체확산층 사이의 계면에 코팅할 백금 촉매를 준비해야 하는데,
촉매를 구하는 방법은 매우 다양하다. 촉매로 사용하기 위해서 탄소와 촉매 입자
들이 잘 혼합된 상용 촉매를 구매하는 것이 가장 쉬운 방법이며, 촉매들을 기체확
산층에 코팅만 하면 된다. 다양한 조성을 가지는 산화극 촉매 잉크와 환원극 촉매
잉크를 제조하여 기체확산층에 코팅하면 된다.

그림 11-13 산화극 촉매와 환원극 촉매.

그림 11-14 시약의 양을 측정할 때 사용하는 정밀 저울.

모든 실험을 할 때, 다음에도 유사한 상태의 연료전지를 제조하기 위해서는 사용하는 시약의 양을 정확하게 측정하여 사용해야 한다. 촉매 사용량을 다르게 했을 때 연료전지 성능이 어떻게 영향을 받는지 비교해 보라.

고전압 증착

백금을 기체확산층에 코팅하는 한 가지 방법은 고전압에 의한 백금의 기화를 이용하는 것이다. 백금선에 고전압을 가하게 되면 기화된 작은 백금 덩어리들이 주변 가까이에 있는 다른 표면에 증착된다. 백금선을 기화하는데 필요한 장치는 아래 몇 권의 책들에 자세히 설명되어 있다.

다음은 추천하는 도서목록이다.

* Gordon Mc Comb's Gadgeteers Goldmine—Gordon Mc Comb, McGraw-Hill, New York.
* Electronic Gadgets for the Evil Genius—Robert Ianinni, McGraw-Hill, New York.

백금 인화 : 광화학적 증착

백금은 사진의 역사 속에 굳건히 자리 잡아 왔는데 백금 인화과 같은 기술은 비싸기는 하지만 원하는 양만큼의 백금을 MEA에 증착하는 정확한 방법으로 연료전지 제작에 사용될 수 있다. 백금 인화 공정은 1873년 윌리스(W. Willis)에 의해 처음 고안되었다. 백금 인화는 한 층의 백금 블랙을 MEA에 증착하는 완벽한 방법이며, 백금 블랙은 연료전지에 사용되는 백금촉매의 대표적인 형태 중의 하나이기 때문에 이 방법은 특히 더 유용했다.

일반적인 사진관에서는 백금 인화 키트를 찾아볼 수 없지만, 이 방법은 예술 분야의 프린팅에는 비교적 널리 이용되고 있다.

 **웹사이트**

아래 사이트는 백금 인화 기법에 대해 잘 설명하고 있으며, 백금 인화에 필요한 모든 재료들도 구매할 수 있다.

- www.photographersformulary.com

백금 인화 과정은 공급 업체에 따라 조금씩 차이는 있지만 백금 인화 키트에 들어 있는 제조 방법을 따르면 된다. 인화지에 이미지를 확대하듯이 기체확산층을 인화지라 생각하고 촉매를 다음과 같은 방법으로 코팅한다.

기체확산층을 자외선에 노출시키기 위해 특수한 빛 아래에 둔다.

인쇄회로기판을 식각하는데 사용하는 자외선 상자가 있다면 그것을 이용하여 기체확산층을 자외선에 노출한다.

인화지는 음화(negative image)를 보존했다가 고밀도 검은색 영역에 이미지를 내어 놓기 때문에 기체확산층도 밝은 백색 빛에 노출해야 한다. 일단 백색 빛에 노출하고 나면 백금 블랙을 고정시키기 위해 키트 안에 들어 있는 화학물질을 이용해 기체확산층을 처리해야 하는 것을 잊지 않도록 한다.

전 공정에 걸쳐 어느 면에 백금을 코팅했는지를 잊지 않기 위해 항상 주의해야 한다. 왜냐하면 연료전지는 나피온 전해질 막과 접촉하는 백금만이 제대로 된 촉매 역할을 하기 때문이다.

전기 도금법

여러분이 선택할 수 있는 또 다른 방법은 전기 도금법을 이용하여 백금을 기체확산층에 코팅하는 것이다. 이를 위해서 기체확산층을 전원공급기의 음극에 연결하고 백금 조각을 양극에 연결한 후 두 전극을 백금염 용액에 담근다.

여러분은 웹사이트(www.caswellplating.com)에서 가정에서 사용할 수 있는 전기도금 키트와 부품들을 구매할 수 있다. 하지만 백금 도금만을 위한 키트들을 제공하는 것은 아니며, 위의 웹사이트는 다양한 종류의 금속을 이용한 전기도금에 대해 많은 정보를 제공하는 유용한 포럼을 가지고 있다. 따라서 여기는 백금 전기도금을 공부하고 싶은 분들이 공부를 시작하기에 좋은 장소이다.

여러분이 위에서 언급한 백금 도금 공정 키트를 구매했다면, 키트 안에는 백금염인 칼륨사염화백금산이 포함되어 있을 것이고, 이제 여러분이 필요로 하는 것은 산화극에 사용될 백금을 코팅하는 것이다.

◗ 백금 판박이

여러분은 판박이용 백금을 기체확산층 위에 놓고 날카롭지 않은 물체를 이용해 판박이의 뒷면을 세게 문지르는 방법으로 백금 촉매층을 쉽게 탄소 종이나 탄소천 위에 만들 수 있다.

◗ 함께 조립하기

여러분이 백금이 코팅된 기체확산층과 나피온 전해질 막을 보유하고 있다면 이제는 MEA를 조립할 차례이다. 이를 위해서는 2개의 딱딱한 금속판과 금속판 사이에 압력을 가할 수 있도록 하는 나사들이 필요하다. 물론 이러한 것들도 모두 구매할 수 있으며, 모든 부품들은 오븐에서 가열이 가능해야 한다.

Fuel Cell Store는 MEA를 열압착(hot-pressing) 하기에 적합한 알루미늄판(제품번호: 590163)을 판매하고 있다.

이제 여러분은 기체확산층을 약간의 나피온 용액(그림 11-9)으로 코팅해야 한다. 나피온 용액은 어떤 금속과도 접촉이 되면 안되기 때문에 용액을 코팅할 때 플라스틱 붓을 사용해야 한다. 백금이 코팅된 기체확산층의 한쪽에만 용액을 코팅하며, 탄소

종이나 탄소천을 완전히 적실 필요는 없고, 표면에만 나피온 용액이 코팅되면 된다.

다음으로는 칠면조가 적절한 온도에서 요리되고 있는지를 확인할 수 있는 것과 같은 종류의 오븐 온도계가 필요하다.

흑연이 얼마나 윤활 역할을 잘하는지에 대해 앞서 언급한 것을 기억하자. 약간의 흑연 분말(그림 11-15)을 준비하여 나피온이 우리가 연료전지를 조립하기 위해 나사를 사용하고자 하는 금속판에 달라붙는 것을 방지하기 위해 바르도록 하자. 이것은 요리할 때 냄비에 기름을 칠하는 것과 유사하다. 흑연을 MEA가 접촉하게 될 금속판 표면에 문질러 바른다. 흑연 입자(제품번호: 590263)는 Fuel Cell Store에서 작은 병 단위로 구매할 수 있다.

이제 햄버거를 만들듯이 MEA 조립을 실제로 시작한다. 우선 한쪽 금속판의 중심에 백금이 코팅된 기체확산층을 위를 향하게 놓는다. 그 위에 나피온 전해질 막을 올리고, 모든 면이 잘 덮였는지 확인한 후에 백금이 코팅된 면이 아래를 향하도록 나머지 기체확산층을 놓는다. 마지막으로 흑연이 코팅된 쪽이 기체확산층과 접촉하도록 나머지 금속판을 올리고 나사를 이용하여 단단하게 조립한다.

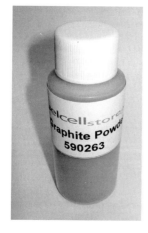

그림 11-15 흑연 파우더.

그림 11-16 직접 만든 연료전지(고정나사 및 튜브 포함).

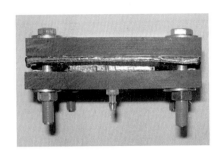

그림 11-17 직접 만든 연료전지 측면.

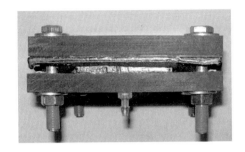

그림 11-18 직접 만든 연료전지(전극과 샌드위치 구조 중심으로).

● 열처리

오븐 다이얼이 표시하는 온도는 정확하지 않으므로 오븐 온도계로 온도를 정확히 측정하여 90도에서 1시간 동안 연료전지를 열처리하고 다시 30분 동안 천천히 130도까지 온도를 올린다. 연료전지를 1시간 30분 동안 열처리하고 연료전지를 꺼내어 느슨해진 나사를 더 단단하게 조인다. 여기에서, 화상을 입는 것을 피하기 위해 마른 행주나 오븐용 장갑을 꼭 사용한다. 연료전지를 다시 오븐에 넣고 온도 제어를 최대치까지 맞춘다. 오븐 온도계를 주의 깊게 보면서 오븐의 온도가 130도 이상 올라가지 않도록 한다. 130도에서 수 십분 더 열처리 한 후 오븐의 전원을 끄고 연료전지를 꺼내어 삼발이 위에 놓은 후 상온까지 식도록 기다린다.

● 개스킷

MEA와 유로 사이의 계면을 잘 형성하게 하고, 기체들이 한쪽에서 다른 쪽으로 새는 것을 방지하기 위해서 개스킷을 사용해야 한다. MEA의 양쪽에 하나씩 사용할 수 있도록 2장의 얇은 실리콘 고무 막을 준비한다. 나피온 막과 포개지는 쪽 주변에는 실리콘 접착제를 사용한다. 개스킷은 정확하게 기체확산층 크기만큼 가운데 빈 공간이 필요하고, 볼트와 너트, 나사못 막대가 통과할 수 있는 구멍들이 각 코너에 있어야 하고, 수소와 산소 공급 라인이 있어야 할 구멍도 필요하다.

Fuel Cell Store는 다양한 종류의 재료를 이용하여 제작된 개스킷을 판매하고 있다. 아래 웹사이트를 보면 연료전지용 개스킷으로 적용 가능한 테플론, 고무, 실리콘, 마일라 등을 판매하고 있다(www.fuelcellstore.com/en/pc/viewCategories.asp?idCategory=84).

● 집전체

연료전지 어셈블리의 양쪽 끝에서 전기를 끌어내기 위해서는 금속 집전판이 필요할 것이며, 이를 위해서는 여러 가지 방식이 적용될 수 있다. 우선 금속제의 끝판을 사용할 수 있지만 연료전지를 함께 지탱하기 위해 사용된 연결부의 절연에 많은 주의를 기울여야 한다. 다르게는 양쪽 끝판과 유로판 사이에 단순히 얇은 금속판을 집어 넣어 사용하기도 한다.

● 모두 조립하기

연료전지 모두를 함께 조립하기 위해서는 볼트, 너트, 나사못을 이용하여 고정할 필요가 있다. 이때 연료전지 내부에 들어간 나사못으로 인해 전극과 유로 사이가 단락되는 것을 방지하기 위해서 나사못을 절연하는 것은 매우 중요한 부분이다. 이를 위해 단순히 열수축 튜브를 사용하기도 한다.

● 더 읽을거리

* Hurley, P., Build Your Own Fuel Cells, Wheelock Mountain Publications Wheelock, VT.

연료전지를 직접 만드는데 관심이 있는 사람들에게는 아주 소중한 참고문헌이다. 백금을 증착시키는 방법과 MEA를 제조하는 방법에 대해 좀 더 상세하게 기술되어 있어서 향후 연구를 위해 좋은 정보를 제공해줄 것이다.

CHAPTER

12

수소 안전성

💬 위험한 수소? 안전에 대한 우려인가 어설픈 미신인가?

어떤 기술이든 사실은 아니지만 그 기술과 함께 유포되는 도시괴담이나 전설이 있는데, 그것들은 결국 유용한 정보는 주지 않은 채 특정 기술에 대한 불신이나 공포를 조장하는 것으로 끝난다. 수소와 연료전지도 마찬가지다. 본 장에서는 수소를 둘러싸고 있는 일부 반쪽 진실이 틀렸음을 설명하고자 한다. 이러한 사실들은 여러분이 수소를 취급하며 실험할 때 꼭 알아야만 하는 건강과 안전에 관련된 것이다.

수소는 안전하지만 특성 형태의 화합물 또는 실험 방법에 대해서는 조심스럽게 모든 절차들을 따라야 한다.

수소에 대해서는 매우 다양한 곳으로부터 나온 좋지 않은 언론 기사들이 상당히 있다. 수십 년 전 수소를 가득 채운 비행선이 우아하게 하늘을 비행하고 있었다. 나중에 힌덴부르크(Hindenburg) 재난이라고 불려지는 사건이 발생하는데, 이후에 비행선은 사람들에게 잊혀지게 되었다. 당시에 비행선에 채워진 수소가 사고의 장본인이라고 종종 비난을 받고 있다. 하지만 수소는 위쪽으로 분출되며 탄다. 이것은 수소가 본질적으로 안전하다는 이유 중 하나이다. 수소는 위쪽으로 분출되면서 타기 때문에 아래에 있는 천에는 어떠한 영향도 미치지 않았다. 대부분의 피해를 일으킨 것은 알루미늄 입자로 씌워진 비행선 표면의 은 코팅이었다는 것이 증명되었다. 이러한 사실의 증거는 37명의 사상자 중에서 35명이 높은 하늘에서 땅으로 뛰어내리면서 죽었다는 것이며, 경유의 연소 또한 많은 사상자들이 발생한 원인이었다.

수소는 매우 가볍기 때문에 만약 불이 붙는다면 여러분으로부터 멀리, 그리고 위쪽으로 타게 된다. 반대로 석유의 경우는 유증기가 무거워서 땅 위에 깔려 있게 된다. 많은 자동차 수리공들이 구덩이에 조금씩 축적된 휘발유 증기들이 발화됨으로써 발생한 화재에 의해 부상을 당했다는 증거들이 있다. 수소의 경우는 충분한 통풍이 되고 기체가 도망갈 공간만 있다면 쉽게 흩어져 올라갈 것이다. 따라서 수소 장치를 포함하는 집이나 건물을 설계할 때는 상승된 수소가 축적될 만한 꽉 막힌 천장(혹은 뚜껑)을 가져서는 안 된다.

수소는 '수소 폭탄'이란 이름 때문에 매우 위험하다고 인식된다. 우리는 핵무기가 그들의 자국을 하늘에 남긴 어마어마한 버섯구름을 본 적이 있다. 그 이후, 수소 폭탄은 어떤 것도 하지 않았음에도 불구하고, 그 이름 때문에 우리 미래 에너지의 잠재적 구원자를 위험한 핵 관련 기술과 연관되게 만들었다. 수소 폭탄에 사용된 삼중수소(tritium)는 수소 경제에 사용되는 수소와 근본적으로 다르다. 삼중수소는 수소의 동위원소이며, 핵폭탄을 제조하는 기술은 매우 복잡하기 때문에 쉽게 접근할 수 있는 것이 아니다. 수소 폭탄이 어마어마한 파괴력을 만드는 원리는 수소 원자의 핵 융합 때문이다. 이것은 수소가 연소할 때 발생하는 화학 공정과는 근본적으로 다른 것이므로 둘을 혼동해서는 안 된다.

게다가 사람들은 우주에서 발생한 수많은 사고들을 수소와 연관시키고 있는데, 이것은 공정하지 않다.

그림 12-1 힌덴부르크 재난.

많은 사람들은 아폴로 13호 계획이 수소와 관련이 있다고 생각하고 있다. 이것이 또 다른 도시괴담이다. 1970년 4월 11일 나사는 아폴로 13호 계획에 착수했다. 비행 도중 우주선에 실려 있는 산소 탱크들 중 하나의 내부에 있는 송풍기가 작동 중에 합선이 발생했고 이로 인해 송풍기에 불이 붙었다. 그 결과 산소 탱크는 약해지다가 결국 폭발하게 되었다. 여러분이 우주 비행사에 대해 얼마나 알고 있는지 모르겠지만 그들은 산소 없이 살아갈 수 있는 게 아니다. 운이 좋게 우주비행 관제센터는 우주인들에 대한 해결책을 찾아낼 수 있었고, 말 그대로 프로토타입(proto-type)의 실험으로 강력한 덕트테이프를 사용하여 깨진 조각들을 서로 붙일 수 있었다(그림 12-3). 일반적인 믿음과는 반대로, 수소와 연료전지는 이들 재앙과는 조금도 상관이 없다.

아폴로 13호 계획이 수소나 연료전지 기술에 대한 비방을 완전히 떨쳐 내지는 못했지만 그 계획은 우주인들이 고장난 장비를 수리하는데 도움을 줌으로서 결국 무사히 귀환할 수 있게 된 강력 덕트테이프(기적적인 생산품)에 대한 엄청난 지지를 만들게 되었다. 덕트테이프는 세상에 놀랄만한 서비스에 수여되는 대통령의 훈장을 진작 받았어야 한다.

1986년의 챌린저 재난도 수소의 안전성과 연관되는데, 이로 인해 많은 사람들이 수소기술은 안전할 수 없다고 믿게 되었다. 하지만 나사는 이 재난은 어떤 식으로든

그림 12-2 수소 폭탄.

그림 12-3 아폴로 13호 우주 비행사를 구했던 긴급 대책.

수소로 인해 발생된 것일 수 없고, 오링의 결함 때문이라고 결론내렸다.

다행히도 이러한 모든 예들은 수소가 어떻게 수소 경제에서 사용될 수 있는지와는 관련이 없고, 이러한 사건들로부터 떠오르는 근거 없는 추측들은 히스테리 상태의 과민 반응으로 여겨진다.

💬 자동차에서 수소의 안전

작은 공간에서 많은 에너지를 생산하는 어떤 연료도 위험을 일으킬만한 잠재성을 가지고 있다. 휘발유를 차에 가득 채우면 우리는 의도된 위험을 가지고 있지만 그 위험을 줄이기 위한 모든 안전 장치를 한다. 이처럼 수소를 자동차에 채우는 것도 더 이상 위험성을 가지지 않게 될 것이다.

수소에 관한 큰 특징은 공기보다 가볍다는 것이다. 이로 인해 만약 수소가 일부 새어 나간다면 땅에 가라앉기 보다는 하늘로 날아가버리게 된다. 얼마나 많은 휘발유와 경유가 우리의 하천을 오염시키는지를 생각한다면 이것은 큰 장점이 된다. 게다가 여러분은 수소로 인해 옷을 더럽힐 걱정도 할 필요가 없다.

강하고 튼튼한 수소 저장 탱크를 개발하려고 하는 많은 연구들이 진행되고 있다. 특히, 자동차의 경우 수소 저장 탱크는 어떠한 돌발 사고에 대해서도 견뎌야 한다. 물론 수소는 폭발할 가능성이 있지만 휘발유 자동차를 운전하는 사람도 수십 년 동안 동일한 위험성을 가진 채 운전해 왔다. BMW는 다양한 충돌 사고를 통해 시속 55마일의 속도로 충돌이 일어날 경우, 수소 자동차가 휘발유나 경유 자동차보다 위험하지 않다고 결론을 내렸다.

자동차 제조사들이 고려해야만 하는 것들 중 하나는 자동차 내의 수소의 축적이 아니라 수소가 샌다는 것이다. 수소가 자동차에서 새어 나온다면 어떻게 될 것인가? 조사에 따르면, 수소가 자동차 탱크로부터 85 m^3/min의 속도로 새어 나올 경우에 자동차 내부의 온도는 단지 1~2도 이상 상승하지 않는다. 이것은 햇볕 아래에서 뜨거워지는 것에 비하면 미미한 수준이다. 이것은 수소가 복사열을 거의 방출하지 않기 때문이다. 휘발유나 경유가 연소되면 뜨거운 숯검댕이(탄소)들이 열을 주변에 전달하지만, 수소의 경우 발생할 숯이 없기 때문에 전달된 복사열도 매우 적다.

수소는 산업적으로는 매우 광범위하게 사용되기 때문에 수송이나 저장에 대한 안전한 방법들이 이미 개발되어 있다. 최근 영국의 번스필드 유류 저장소의 재난을 비롯하여 전 세계에서 발생하는 석유와 관련된 수없이 많은 사고들이 화석연료 본연의 위험한 성질과 저장의 단점으로 인한 것이라 주목되고 있다. 이에 비해 수소의 저장은 더 이상 위험하지 않다.

수소가 가지는 단점 중의 하나는 수소가 탈 때 화염의 색깔이 없다는 것이다. 이것은 우리가 수소 화재를 눈으로 명확하게 볼 수 없다는 것을 의미한다. 따라서 수소 화재가 의심된다면 근처에 접근하지 말 것이며, 열을 '감지해서' 화재 여부를 판단하지도 말아야 한다. 올바른 방법은 긴 빗자루를 이용하여 수소 화재가 일어났다고 의심되는 곳에 빗자루의 빗살을 갖다 대어 보는 것이다. 수소가 타고 있다면 빗자루 끝에 있는 빗살에 불이 붙을 것이다(그림 12-4). 만약 화재를 확인하면 재빨리 빗자루를 끌어 당겨 놓고 소방서에 연락한다. 화재 현장에 접근하지 않고도 원격 가스 밸브나 가스 차단 시스템을 사용할 수 있다면 안전하게 가스의 공급을 중단시킨다.

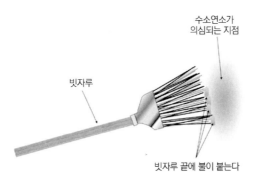

수소연소가
의심되는 지점

빗자루

빗자루 끝에 불이 붙는다

그림 12-4 빗자루를 이용한 수소 화재 감지법.

💬 안전하게 실험하기

사고를 피하고 안전하게 실험하기 위해서 실험실에 가연성 기체가 병이나 화합물의 형태로 보관되어 있다면 그림 12-5에 보인 것처럼 적절한 라벨이 부착되어 있고 올바르게 저장되어 있는지 확인한다.

수소나 메탄올 또는 다른 가스류나 연료들을 이용하여 실험을 할 때는 가스들이 새어 나왔을 때 통풍이 잘 되어 가스들이 축적되거나 폭발할 가능성이 없는 안전한 곳에서 실험을 한다.

모든 시약병들은 올바르게 라벨을 부착할 것이며, 라벨이 무조건 옳다고만 생각하지도 않아야 한다. 항상 모든 시약들을 미지의 시약인 것처럼 취급한다. 맑은 액체는 물일 수도 있지만 농축된 산 용액일 수도 있다.

> ⚠ **주의**
>
> 고분자전해질 전기분해기에서 생산된 소량의 수소를 가지고 실험을 한다면 위와 같은 일은 발생하지 않는다. 다만 적절한 통풍 장치 없이 수소 실린더나 실험실 가스 밸브로부터 나오는 과량의 수소를 사용한다면 조심해야 한다.
> 사람이 수소 가스를 흡입해 질식했을 경우에는, 일반적인 공기를 마실 수 있는 공간으로 옮기되, 도중에 본인이 위험에 빠지지 않게 한다. 창문을 열고 가능한 많이 환기시켜 공기가 많이 유입되게 하고 전기기구를 켜거나 어떠한 점화도 일어나지 않게 조심한다.

그림 12-5 분명한 라벨링은 필수적이다.

그림 12-6 금연.

227

그림 12-7 실험복.

그림 12-8 보안경-필수적인 것이며, 여러분을 쿨하게 보이게 할 것이다.

마지막으로 아주 명백하게 해야할 것은 실험장소에서의 금연이다. 이 메시지를 그림 12-6처럼 복사를 하여 실험실 곳곳에 부착해야 한다.

메뉴얼에 있는 일부 실험 중에는 여러분이 메탄올이나 알칼리 또는 수소화붕소나트륨을 사용해야 하는 것이 있다. 이러한 시약이 부주의하게 취급되어 옷이나 피부에 닿게 되면 피부를 가렵게 하거나 피부에 손상을 끼치게 된다. 따라서 주의 깊게

그림 12-9 수소 감지기. Fuelcellstore.com의 양해 하에 게재.

취급하고 실험복을 꼭 착용하도록 한다. 매력적인 스타일이나 흥미로운 색상의 실험복이 있지만 흰색이 좋다. 실험복은 여러분이 실험에 전문가인 것처럼 보이게 해서, 잔심부름을 시키거나 하찮은 일을 하게끔 하지 않을 것이며, 심지어는 다음 노벨상을 탈 자격이 있는 사람으로 봐줄 수도 있다.

다음으로 안전을 위해 필수적으로 해야 하는 것은 보안경이다. 여러분은 단지 한 쌍의 눈만 가지고 있다. 뭔가가 눈 안에 들어가게 되면 여러분의 시력은 손상을 입거나 영원히 잃을 수도 있다. 따라서 화학 약품을 다루거나 빛을 취급하거나 물건을 자를 때 꼭 보안경을 착용하도록 하자. 특히, 물건을 자를 때 잘려진 물건이 날아가 눈에 상처를 낼 수도 있다.

여러분이 연료전지 실험을 좀 더 본격적으로 하기 위해 대형 고분자전해질 전기분해기를 사용하거나 정기적으로 수소 실린더를 사용하고자 한다면 가스 감지기를 사용할 것을 당부한다. Fuel Cell Store는 수소 안전 센서(제품번호: 570150)를 단지 100불에 판매하고 있는데, 이것은 여러분의 취미를 좀 더 진지하게 하기 위해 투자할만한 가치가 있다.

무엇보다도 여러분은 상식적으로 생각하고, 항상 안전을 최우선으로 행동해야 한다.

CHAPTER **13**

연료전지 자동차

PROJECT 33 : 간단한 연료전지 자동차 만들기

PROJECT 34 : 지능형 연료전지 자동차 만들기

PROJECT 35 : 수소화물로 구동되는 연료전지

자동차 만들기

PROJECT 36 : 무선 조종 연료전지 자동차 만들기

PROJECT 37 : 수소를 이용한 우주여행!

수소 로켓 만들기

PROJECT 38 : 수소를 이용한 비행!

수소 연료전지 비행기 만들기

PROJECT 39 : 무선 조종 비행기 만들기

FUEL CELL PROJECTS

연료전지 자동차와 다른 유형의 자동차의 차이를 구분 짓기 위해서는 에너지 전달이 일어나는 방식을 이해해야 한다. 전달이라고 얘기하자면, 기계적 에너지가 생산되어 자동차 바퀴가 돌아가게 하여 자동차가 앞으로 움직이게 하는 것을 말한다. 내연기관의 엔진은 직접 기계적인 동력을 생산하기 때문에 생산되는 동력의 폭이 좁은 범위에서 효율적인 반면, 전기 모터는 넓은 동력 폭에 걸쳐 높은 회전력을 생산한다. 이것이 자동차 제조회사들이 내연기관이 가지는 연료 저장의 우수성과 전기 모터가 가지는 다양한 동력에서의 높은 효율성, 모두를 결합한 하이브리드 자동

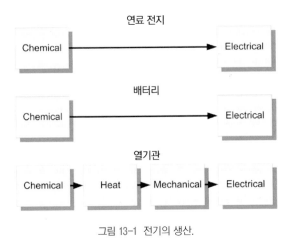

그림 13-1 전기의 생산.

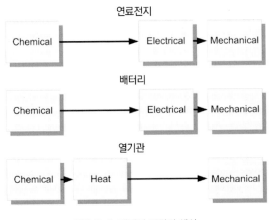

그림 13-2 기계적 동력의 생산.

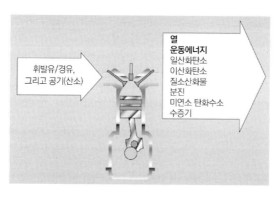

그림 13-3 내연기관 엔진은 모든 종류의 위험한 배기가스를 생산한다.

차를 선호하는 이유이다. 연료전지 자동차와 전기자동차가 어떤 에너지 변환 시퀀스를 가지고 있는지 그림 13-1과 13-2에 나타내었다.

오늘날의 자동차는 4행정 사이클의 내연기관 엔진을 주로 사용하는 추세이다. 이러한 엔진들은 휘발유나 경유를 사용하지만 때로는 LPG나 바이오경유 또는 바이오에탄올을 사용하는 자동차도 있다.

대기 중으로 탄소를 배출하는 정도는 바이오매스나 바이오가스와 같은 연료를 사용함으로 경감될 수 있지만, 내연기관이 효율적이지 못한 것과 연료가 가지는 화학적 에너지가 실제 발생하는 동력으로 모두 전환될 수 없다는 사실에는 변함이 없다.

내연기관 엔진을 거부하는 또 다른 중요한 이유가 있다. 여러분 자동차의 배기구에서 나오는 다양한 종류의 오염물질이 우리의 환경을 얼마나 오염시키는지 생각해 보라.

게다가 연료를 공기와 함께 연소시킴으로써 발생하는 위험한 가스들은 이산화탄소뿐만 아니라 산화질소와 황화합물들을 포함하고 있다.

뿐만 아니라 내연기관 엔진은 단지 좁은 출력 대역에서만 유용한 효율을 가진다는 것이다. 이것은 자동차에 더 큰 동력을 전달하기 위해 기어박스가 필요하고, 그 기어박스와 엔진을 붙였다 뗐다 하는 클러치가 필요하다는 것을 의미한다. 이러한 내연기관 엔진의 효율은 대체로 만족할 만한 수준은 아니다라는 결론이 난다.

사람들이 연료전지 자동차에 대해 주로 하는 비판은 연료전지가 여전히 화석연료로부터 생산된 수소를 사용한다는 것이다. 하지만 여러분은 자동차의 유해한 배기가스가 각각의 차량에서 나오는 것이 아니라, 거대한 수소생산 플랜트의 굴뚝에서만 나온다는 것을 주목해야 한다. 이는 보다 적은 오염물질을 배출하며, 상대적으로 처리하기도 용이하다. 이것이 우리가 왜 깨끗한 녹색 에너지의 근원을 찾고 있는지에 대한 설득력 있는 이유이다. 이 때문에 미래 운송 기관의 선택은 결국 환경 파괴를 줄이는 방법이 될 것이다.

전기 모터는 자동차의 요구조건들을 보다 정밀하게 충족시킨다. RPM이 낮을 때, 전기 모터는 대부분의 회전력을 생산하는데 이때는 자동차가 출발하려고 하기 위해 추가의 에너지가 필요할 때이다. 만약 재생 브레이크 시스템이 장착되었다면, 자동차가 앞으로 계속 나가려고 하는 기계적인 에너지는 브레이크를 모터로 사용하여 재사용할 수 있게 된다. 이때 생산된 에너지는 배터리를 충전하거나 수소를 생산하는데 사용될 수 있다.

전기자동차의 한계는 항상 배터리 기술 때문인 것으로 알려져 왔다. 배터리는 너무 무겁고, 무게에 비해 많은 에너지를 저장할 수 없다. 반면에 화석연료는 무게 대비 많은 에너지를 생산할 수 있고, 수소는 무게 대비 엄청난 양의 에너지를 생산할 수 있다.

게다가 운전자들은 항상 편리성을 추구해왔다. 전기자동차는 충전하는데 시간이 많이 걸리지만 실제 운전 가능 시간은 그리 길지 않다.

수소 연료는 배터리 기술이 가지는 이러한 문제점들을 해결할 수 있다. 자동차는 5분 내로 충전될 수 있고 공기보다 가벼운 수소에 저장된 막대한 양의 에너지는 전기 에너지로 변환될 수 있기 때문에 일반적인 전기 모터를 구동할 수 있게 된다.

이러한 수소는 에너지 밀도가 높은 동력원이며 효율적으로 기계에너지를 생산할 수 있으므로 가장 바람직한 해결책이 된다.

이미 다양한 종류의 수소연료전지 컨셉트 자동차가 발표된 바 있다. 어떤 자동차 제조회사 웹사이트를 방문하더라도 그들이 연료전지 기술을 자동차에 적용할 것이라는 것을 확인할 수 있는데, 대부분의 경우에는 몇 안 되는 연료전지 공급업체에서 제공된 동일한 연료전지 기술에 기초한 것이다. 우리는 본 장의 뒷부분에서 연료전지 자동차에 대해 좀 더 자세히 살펴볼 것이다.

💬 연료전지 자동차 기술

연료전지 자동차를 살펴 보면, 아주 중대한 몇 가지 차이점을 발견할 수 있다.

우선 가장 차이 나는 점은 자동차 보닛 바로 아래이다. 내연기관 엔진이 없으며 연료전지와 전기모터가 발견된다.

두 번째는 좀 더 복잡한 것들로 연료 탱크의 기술과 관련된다. 단순히 금속으로 된 캔(실린더)이 아니라 수소를 저장하기 위해 다소 복합한 장치들이 배열되어 있다. 우리는 수소 저장을 다룬 앞 장에서 이미 일부를 살펴본 바 있다.

세 번째는 자동차를 충전할 때 단순한 노즐을 사용하는 것이 아니라 고압으로 수소를 충전하기 위해 다소 복잡한 연결 장치들이 있다는 것이다.

수소 경제 구현에 매우 열정적인 나라인 아이슬란드는 2003년 4월에 항구 도시인

그림 13-4 연료전지 자동차 보닛 아래 사진.

그림 13-5 자동차 좌석 아래에 위치한 수소 저장 탱크.

그림 13-6 자동차의 수소 주입 장치.

레이캬비크에 세계 최초로 수소 충전소를 오픈했다. 수소는 수전해에 의해 충전소에서 직접 생산되며, 이 충전소는 수소연료전지 버스 운행에 필요한 수소를 제공한다. 흥미로운 것은 수소 충전소에 지붕이 없는데 이것은 잠재적으로 폭발 가능성이 있는 수소가 축적되는 것을 막기 위한 조치라고 한다.

볼보, 마쯔다, 재규어를 포함하는 포드 자동차 그룹과 영국에서 복스홀로 판매하는 GM, 혼다, BMW, 닛산, 현대자동차 등 수많은 자동차 제조사들이 현재 수소연료전지 자동차를 개발하고 있다고 발표하고 있다.

거의 대부분의 자동차 제조사들은 세계 모터쇼에서 전시용 연료전지 자동차를 전시하고 있다. 아직까지 일반인들이 공공연하게 구매할 수 있는 연료전지 자동차는 없지만, 연료전지 자동차의 제조 기술은 이미 성숙단계에 접어 들었다고 할 수 있다. 제조사들은 2015년쯤이면 연료전지 자동차가 일반 판매가 될 것이라고 예상한다. 하지만 연료전지 자동차의 광범위한 보급에 대한 걸림돌 중 하나는 소비자들이 골치거리라고 생각할 수 있는 수소 충전소의 설치 부족이다.

캘리포니아 주 토렌스에 있는 혼다의 북미지역 본부에서는 가정용 에너지 충전소를 전시하고 있다. 이 에너지 충전소는 가정에 필요한 열과 전기는 물론 혼다 연료전지 자동차를 충전할 수 있는 깨끗한 수소를 제공하기도 한다.

그림 13-7 특별히 건설된 수소 충전소.

이러한 혁신을 달성하기 위해 넘어야 할 장벽 중 하나는 연료전지를 제조하는데 필요한 재료들의 높은 가격이다. 촉매로 사용되는 백금은 너무 비싸기 때문에 현재의 연구는 백금을 전혀 사용하지 않거나 연료전지에 필요한 최소한의 양만 사용하는 기술 개발에 집중되고 있으며, 2002년 이후로 최근까지 이미 획기적인 결과들이 나온 바 있다. 2002년에는 연료전지가 1 kW의 전기를 생산하기 위해 600유로만큼의 백금이 필요했지만 현재는 20유로만큼의 백금만 있으면 된다. 의심할 여지 없이 더 나은 기술들이 개발될 것이다.

소수의 사람들이 장거리 여행을 갈 때는 자동차보다 연료전지 오토바이가 좀 더 효율적인 운송수단으로 각광 받고 있다. 몸무게가 80 kg인 사람 한 명을 운송하기 위해 1톤이 넘는 자동차를 움직인다는 것이 이치에 맞는 일인가?

많은 자동차 제조사들이 연료전지로 작동되는 작

그림 13-8 ENV사의 연료전지 오토바이.

은 오토바이나 전동 자전거를 개발하기 시작했다. ENV사가 제조한 연료전지 오토바이는 평범한 휘발유 오토바이를 뛰어 넘는 멋진 스타일로 최근 각광을 받고 있다.

유럽에서는 많은 국가들이 공공 운송 수단을 연료전지 버스로 대체하기 위해 노력하고 있다. 연료전지 버스가 널리 채택되어 사용되는 것은 아니지만 그 기술은 이미 상당 부분 개발이 완료되었고, 미래에는 좀 더 보편화 될 조짐이 보인다.

그림 13-9 수소로 달리는 런던의 버스. Ballard사의 양해 하에 게재.

PROJECT 33

간단한 연료전지 자동차 만들기

본 실험에서 우리는 간단한 연료전지 자동차를 만들어 볼 것이며, 이것은 연료전지 자동차에 적용된 과학들을 이해하기 위한 밑바탕이 될 것이다. 이 자동차는 예쁘게 만들기 보다는 간단함과 기능을 우선시하여 제작될 것이다. 연료전지 자동차는 치열한 경쟁이 있을 것으로 예상되지만 연료전지 자동차의 디자인 측면에서는 굉장한 유연성을 가지고 있다. 여러분이 본 실험을 통해 간단한 모델을 제작해 본다면 연료전지 자동차의 기본적인 원리를 습득하게 되는 것이다. 이 프로젝트를 향후 실험을 위한 발판으로 삼고 이 간단한 모델의 성능을 향상시키기 위해 노력하도록 하자. 좀 더 가볍게 내구성은 더하되, 마찰은 줄이고 균형을 향상시키며 도로와의 접촉을 개선하는 등 이러한 간단한 모델에 여러분이 취할 수 있는 공학적인 주제는 끝이 없을 만큼 많을 것이다.

준비물

- 연료전지 자동차 제작 키트(Fuel Cell Store P/N: 7110303)

- 가역적인 연료전지

- 전선이 연결된 전기 모터

- 모터 고정부

- 모터 고정부를 위한 작은 나사 4개

- 모터 고정을 위한 작은 나사 1개

- 튜브

- 바퀴 허브 4개

- 오링 타이어 4개

- 작은 기어

- 축 2개

- 홈이 파진 플라스틱(상품명 Correx 또는 Corroflute)

- 30 ml 수소 및 산소 실린더(Fuel Cell Store P/N: 7110307)

필요한 도구

- 성냥 한 갑

- 필립스 나사 드라이버

- 다용도 칼

 힌트

여러분은 그림 13-10에 보인 연료전지 자동차 키트를 Fuel Cell Store에서 구매할 수 있는데, 여기에는 간단한 연료전지 자동차를 제작하는데 필요한 모든 연료전지와 기계부품 들이 포함되어 있다. 키트에는 자동차 섀시와 수소 저장용기를 제외한 바퀴, 타이어, 축, 기어를 포함하는 모든 것이 있다. 따라서 연료전지 키트를 구매하는 것은 처음 시작하기에 좋은 방법이다.

그림 13-10 간단한 연료전지 자동차를
만들기 위한 키트.

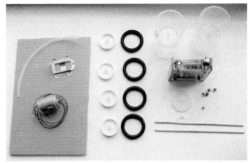

그림 13-11 간단한 연료전지 자동차를
만들기 위한 부품들.

모든 부품들을 박스에서 꺼낸 후 그림 13-11에 보인 것처럼 부품들을 나열한다. 홈이 파진 플라스틱을 사용하는 이유는 다음과 같다. 연료전지 자동차를 만들기 위해 홈이 파진 카드나 발포판, 얇은 플라스틱 또는 다른 형태의 재료를 구매하여 사용해도 무방하다. 하지만, 본래 홈이 파진 플라스틱이 가장 가볍고, 강하며 딱딱하기 때문에 사용하기 좋다. 주름 잡힌 플라스틱 튜브가 축을 고정시키는 성능이 제일 우수하기 때문에 베어링이나 축 마운팅 같은 다른 복잡한 부품들을 제거할 수 있다. 만약 주름이 없는 재료를 이용하여 실험하기로 결정했다면, 길이가 짧은 빨대를 축을 고정시키는데 대신 사용할 수 있다.

첫 번째 단계로 박스에서 4개의 플라스틱 바퀴 허브와 고무 오링을 꺼낸다. 고무 오

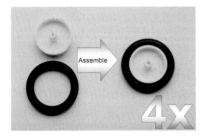

그림 13-12 바퀴 허브와 오링 타이어를
결합하자.

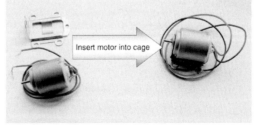

그림 13-13 모터를 모터 보관용기에 넣자.

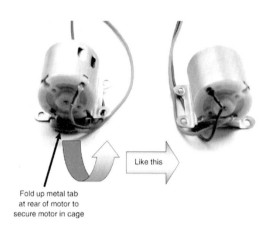

Like this

Fold up metal tab
at rear of motor to
secure motor in cage

Use the
smallest screw
to secure motor
safely in cage

그림 13-14 모터를 고정시키기 위해 돌출부를 접는다.

그림 13-15 모터를 보관 용기에 고정시
키기 위해 나사를 이용한다.

링을 플라스틱 바퀴 허브에 밀어 넣어 결합하면 완전히 조립된 바퀴가 만들어진다
(그림 13-12).

다음 단계는 모터를 모터 보관용기에 집어 넣는 것이다. 모터는 한쪽 끝에 회전하
는 축을 지탱하는 원형의 돌출부가 있다. 금속 보관용기는 모터를 고정시키기 위해
끝에 구멍이 있다. 모터를 그림 13-13에 보인 것처럼 보관용기의 구멍에 축을 끼움으
로써 고정시킬 수 있다. 그런 다음 모터의 뒤쪽을 보도록 하자. 모터의 뒤쪽에 금속
보관용기 돌출부의 바닥이 보일 것이다. 그리고 모터의 플라스틱 뒷판에는 2개의
구멍이 있을 것이다. 우선 금속 보관용기 돌출부를 모터의 뒤쪽으로 구부려서 중간
에 있는 구멍이 모터 뒤에 있는 작은 구멍과 나란히 되게 맞춘다.

그 다음은 나사 박스에서 가장 작은 나사를 꺼내서 그림 13-15에 나타낸 것처럼 모
터를 금속 보관용기에 고정시키기 위해 나사를 조인다.

이제 자동차 섀시를 만들어보자. 우선 홈이 빠진 플라스틱 골판지를 가로 175 mm,
세로 115 mm 크기로 자른다. 단, 플라스틱 골판지의 줄이 플라스틱의 짧은 쪽, 즉
세로 방향에 대해 가로지르는 방향으로 배열되도록 한다. 앞에서도 언급했지만, 이
런 플라스틱 골판지의 홈을 이용해 자동차 축을 탑재할 것이다.

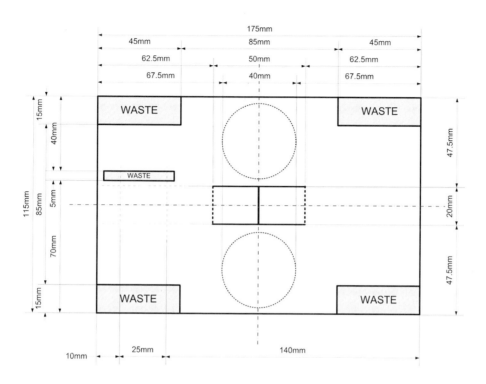

그림 13-16 자동차 섀시 제작을 위한 도면.

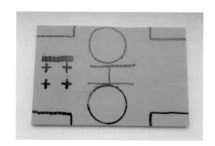

그림 13-17 잘라낼 부분이 표시된 플라스틱 섀시.

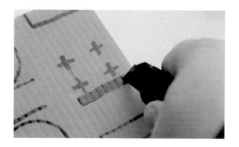

그림 13-18 칼을 이용하여 플라스틱 두 층을 모두 잘라낸다.

다음 단계를 위해서는 펼쳐진 도면(그림 13-16)을 살펴보도록 하자. 이 도면은 실제 크기를 프린트할 수 있으므로 삼각자와 매직펜을 이용하여 플라스틱 판 위에 직접 치수를 측정하여 옮기거나, 이 도면을 출력하여 플라스틱 판에 직접 치수를 표기해도 된다. 어찌됐든 그림 13-17처럼 보이도록 플라스틱 판에 표시한다.

홈이 파져 있는 플라스틱 판을 자르는 가장 손쉬운 방법은 날카로운 칼과 재단대를 사용하는 것이다. 내부를 도려 내야 하는 부분도 있기 때문에 가위만으로 모든 것을 할 수는 없을 것이다. 재료의 직사각형 부분이 잘려 나갈 것인데, 이 부분이 자동차 바퀴를 위한 공간이 될 것이다. 이것이 가장 쉬운 단계이므로 이것부터 실시하도록 하자. 그러면 네 쪽 모퉁이를 잘라낸 직사각형이 된다. 플라스틱 판 두 층을 모두 잘라 내고, 잘려진 부분은 버리도록 하자.

이제 중심에 H 형태를 만들기 위해 조심을 기울여야 한다. 이 부분은 플라스틱 판에서 제거되는 것이 아니라 나중에 연료전지를 지탱하기 위해 구부려져야 한다. 조금 굵은 형태의 H 모양으로 플라스틱 판 두 층을 잘라 놓는다.

홈이 파진 플라스틱 판의 특징을 살려서 멋지고 깔끔한 접힘부를 만들기 위해서는 플라스틱 판의 한 층은 자르되, 다른 한 층은 그대로 놔 둔다. 즉, 칼을 이용해 점선을 따라 플라스틱 판의 한 층을 자르고 나머지 한 층은 자르지 않는다.

필요 없는 부분을 모두 제거하고 나면 그림 13-19처럼 플라스틱 자동차 섀시가 완성된다.

모터를 플라스틱 판에 나사로 고정하는 것이 첫 번째 단계이다. 도면을 따라 제대로 옮겨 그렸다면 4개의 작은 십자가 모양을 볼 수 있다. 이 십자가의 중심이 모터

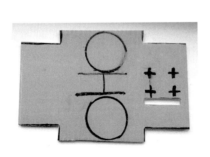

그림 13-19 잘려진 플라스틱 섀시.　　　　그림 13-20 기어 홈 위에 고정된 축이 달린 모터.

를 장착하기 위해 나사를 고정시키는 부분이 된다. 작은 나사못 만으로도 고정이 잘 되므로, 굳이 드릴이나 펀칭기를 이용하여 미리 구멍을 낼 필요는 없다. 모터가 장착되고 나면 그림 13-20에 보이는 것처럼 이미 잘려진 자리에 샤프트(축)를 잘 끼워 넣으면 된다.

다음은 자동차에 사용될 적절한 기어를 선택해야 하는데, 여기에서 몇 가지 선택을 해야 한다. 모터는 특정한 토크, 즉 고정된 힘의 크기를 가지는 회전력을 제공하기 때문에 그로 인해 자동차가 특정 속도로 달리게 된다.

모터의 출력을 땅에 있는 바퀴로 전달하기 위해서는 속도와 토크 사이의 관계를 최적화해야 한다. 모터의 속도를 조절하기 위해 기어비를 사용할 수 있는데, 속도가 줄어들면 토크는 증가한다. 이것이 자동차의 견인력이 되는 것이다. 하지만 토크와 속도는 서로 상쇄된다는 것을 기억해야 한다. 자동차의 견인력이 너무 세게 되면 천천히 갈 것이고, 자동차가 너무 빠르면 얕은 경사나 거친 면조차 올라갈 수 없을지도 모른다. 게다가 우리는 혼합된 기어비를 사용할 수도 있다. 본 실험에서는 그런 혼합된 기어비를 사용하지는 않겠지만 그런 것을 사용할 수 있다는 것은 여러분이 알고 있어야 한다. 우리는 단순히 기어비를 올리거나 내리거나 하는 측면에서만 기어를 사용할 것이다.

축이 특정한 속도로 회전하고, 10개의 톱니를 가진 기어를 사용하고, 이 기어에 60개의 톱니를 가진 기어가 연결되어 있다면, 최종 출력 속도는 원래 속도의 1/6 정도로 줄어들 것이다. 하지만 회전력은 6배가 더 좋아진다. 이와 같이 우리는 기어가

그림 13-21 기어는 서로 다른 크기로 조합된다.

245

가지고 있는 톱니의 수와 상대적인 비를 비교함으로써 속도와 출력 사이의 상관관계를 알 수 있다. 그림 13-21은 다양한 종류의 기어를 나타낸다.

여러분이 만들 첫 번째 연료전지 자동차는 작은 톱니 기어가 좀 더 큰 기어에 연결되어 있어서 축의 회전으로 바퀴를 구동하게 하는 가장 간단한 기어 형태를 사용할 것이다. 그림 13-22에 제시된 것처럼 기어 종합 세트에서 톱니의 수가 가장 적은 기어를 선택해서 모터의 축에 끼워 넣는다.

그림 13-22 가장 작은 기어가 모터의 축에 고정되어야 한다.

그림 13-23 연료전지 지지대를 위로 접어 올린다.

그림 13-24 제 위치에 장착된 연료전지.

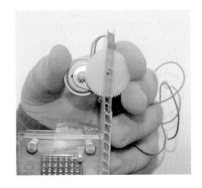

그림 13-25 기어의 구멍과 플라스틱 판 채널의 구멍을 나란히 일치시킨다.

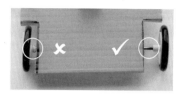

그림 13-27 열은 바퀴가 아니라 축에 가한다.

그림 13-26 작은 드릴을 이용하여 축의 구멍을 넓힌다.

그림 13-28 바퀴가 장착된 축과 기어.

이제 연료전지를 직접 장착해 보자. 우리는 앞서 플라스틱 판에 H 형태의 한쪽만 잘라 놓은 것을 기억한다. 그림 13-23에 나타낸 것처럼 연료전지를 지탱하기 위해 잘려진 부분을 위쪽으로 접어 올린다. 그림 13-24를 참고하여 연료전지를 제자리에 고정하기 위해 접착 테이프나 양면 테이프를 사용하여 젖혀 올려진 부분에 연료전지를 고정한다. 플라스틱 판의 구멍은 연료전지를 제자리에 고정시키기에 딱 맞는 크기로, 구멍에 연료전지를 꽉 끼워 맞춤으로써 추가적으로 연료전지를 지탱하게 된다.

이제 기어축과 기어 바퀴를 고정할 차례이다. 중간 크기의 단일 기어를 꺼내어 직사각형 공간에 끼운다. 올바른 크기의 기어를 선택했다면 그림 13-25에 나타낸 것처럼 기어의 구멍과 홈이 파진 플라스틱의 직사각형 채널 중 하나와 나란히 일치시킬 수 있다. 만약 가지고 있는 축에 기어를 끼우기가 너무 빡빡하다면 드릴을 이용하여 축에 맞는 크기로 기어의 구멍을 키울 수도 있다.

다음 단계로는 축을 플라스틱 판의 채널 아래로 끼워 넣으며, 기어의 구멍에 관통해서 플라스틱 판의 다른 쪽으로 뻗어 나오게 한다. 그림 13-27과 같이 만들면 된다. 그리고는 바퀴를 장착하되, 앞쪽 바퀴를 먼저 장착한다. 이 때도 역시 드릴을 이용하여 구멍을 좀 더 크게 만들어야 할지도 모른다. 또 다른 방법은 플라스틱에 약간

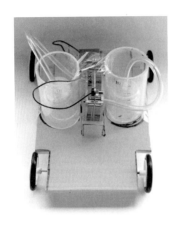

그림 13-29 완성된 연료전지 자동차(앞면).   그림 13-30 완성된 연료전지 자동차(측면).

의 열을 가하여 플라스틱이 조금 부드러워지게 한 후 축을 안쪽으로 밀어 넣는 것이다. 이 방법을 사용할 때는 축이 뜨거워질 때까지 축에 열을 가한 후 플라스틱 바퀴에 밀어 넣는 것이 좋다. 열이 식으면 기어 구멍과 축이 단단해져 맞춰질 것이다. 바퀴에 열을 가하는 것이 아니라 축에 열을 가한다는 것을 기억해야 한다. 그래야만 좋은 결과를 얻을 수 있다. 그림 13-28을 보면 어떤 차이가 발생하는지 알 수 있다.

모든 바퀴가 장착되면 모터를 연료전지 단자에 연결하고, 작은 호스를 이용하여 연료전지와 수소 및 산소 탱크를 각각 연결한 후, 연료전지의 사용하지 않는 빈 포트에 작은 마개를 덮는다. 그리고 각각의 연료저장 탱크를 제자리에 맞춰 넣기 위해서 접착제나 양면 테이프를 사용한다.

이제 모든 것이 다 되었다. 완성된 연료전지 자동차의 모습을 그림 13-29와 13-30에 나타내었다.

마지막으로 연료전지를 충전하는 순서에 따라 증류수를 연료 탱크에 채우면 수전해를 이용하여 수소와 산소를 생산할 수 있다. 충분한 수소가 생산된 후에는 연료전지 자동차가 움직이는 것을 확인할 수 있을 것이다.

FUEL CELL PROJECTS

PROJECT 34

지능형 연료전지 자동차 만들기

준비물

- 지능형 연료전지 자동차 키트(Fuel Cell Store P/N: 550190)

단순히 실험을 하기 위해 연료전지 자동차가 필요하다면 지능형 연료전지 자동차 키트가 제격이다. 완성된 자동차 섀시를 가지고 있으며, 자동 기어박스와 조종장치가 포함되어 있어서 자동차가 장애물을 만났을 때 방향을 바꾸게 할 수도 있다. 발포판을 이용하여 4인치 높이의 작은 울타리를 만들어 놓으면, 지능형 연료전지 자동차가 운행하다가 울타리와 부딪히게 되면서 다른 방향으로 전환하여 운행하게 된다.

지능형 연료전지 자동차 박스(그림 13-31a)에서 관련 부품들을 꺼내면 그림 13-31b처럼 나열할 수 있다.

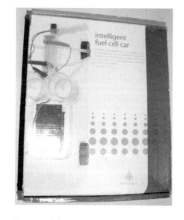

그림 13-31 (a) 지능형 연료전지 자동차 박스.

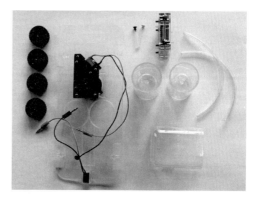

그림 13-31 (b) 지능형 연료전지 자동차 부품.

그림 13-32 장착된 바퀴.

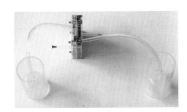

그림 13-33 연료전지와 연료 탱크 배관.

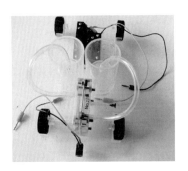

그림 13-34 연료전지에 장착된 연료 탱크.

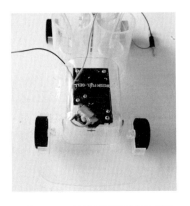

그림 13-35 모터에 장착된 보호용 덮개.

첫 번째 단계는 플라스틱 섀시에서 돌출되어 있는 곳에 바퀴를 끼워 넣는 것이다. 그러면 그림 13-32처럼 될 것이다. 어떤 바퀴도 자동차의 모든 전력을 생산하는 가운데 있는 검은 박스에서 일어나는 현상들로 인해 구동되지는 않는다. 검은 박스는 단지 전력을 생산할 뿐이다.

다음으로 연료 탱크를 연료전지에 연결한다. 이제는 이 작업에 익숙해졌을 것이다.

섀시에는 연료 탱크를 장착하는 특별한 곳이 있는데 거기에 연료탱크를 장착한다.

실험을 하다 보면 증류수가 여기저기 튈 수 있는데, 튕겨진 물로부터 모터를 보호하기 위해 그림 13-35처럼 덮개를 장착한다.

그리고 배터리 팩에서 생산된 전기를 연료전지에 공급하기 위한 유용한 플러그들이 제공되어 있다. 여러분이 전기분해 모드로 연료전지를 사용할 때는 그림 13-36처럼 플러그에서 나온 전선들을 연료전지에 연결해야 한다.

하지만 연료전지 자동차가 구동되기를 원할 때에는 그림 13-37처럼 모터를 연료전지에 연결해야 한다.

이제 모든 것이 완성되었다. 완성된 지능형 연료전지 자동차를 그림 13-38에 나타내었다.

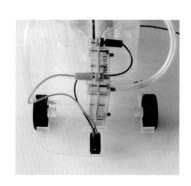

그림 13-36 배터리 팩에 연결된 연료전지.

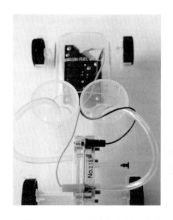

그림 13-37 모터에 연결된 연료전지.

그림 13-38 완성된 지능형 연료전지 자동차.

PROJECT 35

수소화물로 구동되는 연료전지 자동차 만들기

준비물

- 기본형 또는 지능형 연료전지 자동차 키트

- H-gen 수소 발생기

- 수소화붕소나트륨

연료전지 자동차에 적용하기 위해 개발된 또 다른 접근법은 수소를 저장하기 위해 수소화물(hydride)을 이용하는 것이다. 수소화물은 수소 기체보다 저장이 용이하다는 장점이 있기는 하지만 수소화물로 인한 무게 손실을 감수해야 한다.

자동차에 수소화물을 탑재하고 촉매를 사용하여 자동차에서 수소화물을 직접 수소로 개질해서 사용하기 위한 방법들이 제안되었다. 일단 촉매에 의한 수소화물에서 수소가 생산되고 나면, 사용된 연료들은 저장 탱크로 보내져 축적된다. 이런 사용 후의 연료는 충전소에서 자동차로 내려져서 화학적으로 반응 이전 상태로 재생된 뒤, 다음 소비자를 위한 충전연료로 준비된다. 수소는 액체 수소화물에서부터 분리되어야 하는데, 이때 발생하는 열은 열교환기에 의해 제거된다. 발생한 수소는 연료전지에 공급되어 전기를 생산하고, 이 전기로 모터를 구동하게 된다. 일련의 과정을 그림 13-29에 나타내었다.

수소 저장을 다루었던 4장에 나온 H-Gen을 기억해 보자. 이제부터는 수소화물을 이용하여 연료전지를 구동하는 방법에 대해 알아보도록 하자.

우선 물의 전기분해를 통해 수소와 산소를 생산한다. 산소는 저장 탱크에 모으고 수소 탱크는 개방하여 수소가 축적되지 않게 한다. 이제 증류수에 수소화붕소나트륨을 조금 넣고 H-Gen에 들어 있는 촉매를 증류수 속에 함께 넣는다. 수소가 발생함에 따라 수소를 채우기 위해 가스 실린더의 저장부를 발생한 수소 위에 위치하게 잡는다. 수소가 뚜껑 아래까지 채워지기를 기다린 후, 뚜껑을 잘 잠근다.

이제 수소화물에서부터 생산된 수소를 이용하여 연료전지 자동차를 구동할 수 있을 것이다.

 힌트

한계 변수는 연료전지로의 산소공급이다. 앞서 살펴본 대로 연료전지는 공기로 구동될 수도 있는데, 그럴 경우에는 성능이 상대적으로 낮기 때문에 연료전지가 자동차를 움직일 수 있을 만큼의 전기를 생산하지 못할 수도 있다.

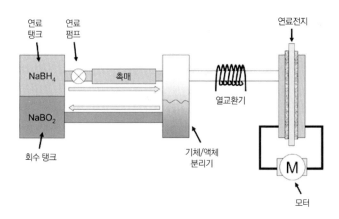

그림 13-39 수소화물로 구동되는 연료전지 자동차의 개념도.

PROJECT 36

무선 조종 연료전지 자동차 만들기

준비물

- 무선 조종 자동차

- 고분자전해질 연료전지

- 수소 저장 탱크

- 산소 저장 탱크

- DC-DC 컨버터

- 짧은 전선

- 홈이 파진 플라스틱(Correx 또는 Corroflute 타입)

- 양면 테이프

필요한 도구

- 전기기사의 나사 드라이버

힌트

> 무선 조종 자동차를 선택할 때 4.5 V로 구동되는 작은 자동차를 골라야만 한다. 더 큰 무선 조종 자동차는 많은 전기를 요구하고 더 큰 배터리 팩을 가지고 있다. 상대적으로 작은 연료전지는 그런 측면에서 구동되지 않을 수 있으므로 AA 건전지나 AAA 건전지로 구동될 수 있는 작은 무선 자동차를 선택해야 한다.

본 프로젝트에서는 무선 조종 자동차를 연료전지로 운전해 보는 실험을 하고자 한다. 이미 판매 중인 자동차를 구매하여 청정한 수소로 전력을 생산하여 구동함으로써 자동차의 성능을 높여 본다.

우리는 단순하게 연료전지를 직접 연결할 수는 없다. 왜냐하면 앞선 두 실험에서 사용된 모터는 낮은 전압에서 구동되는 작은 것이었다. 연료전지 단전지로 생산된 낮은 전압으로 모터를 구동했다는 것은 참으로 행복한 일이었지만, 아주 작은 무선 조종 자동차만 하더라도 더 높은 전압을 필요로 한다. 따라서 우리는 DC-DC 컨버터를 이용하여 전압을 키워야 한다. 우리가 알아낸 연료전지의 특징이 무엇인지 기억해 보라. 연료전지는 상당한 양의 전류를 생산할 수 있지만 전압에는 한계가 있다. 그래서 DC-DC 컨버터는 전압을 위해 전류를 희생함으로써 그 한계를 극복할 수 있게 해 준다. 우리는 연료전지 단전지가 만들어내는 출력이 작은 무선 조종 자동차를 구동할 수 있게끔 하기 위해 작은 DC-DC 컨버터를 사용할 것이다.

일단 사용할 자동차를 선택했다면 모든 부품들을 조립하여 그림 13-40처럼 배열한다. 마치 크리스마스가 일찍 찾아온 것처럼, 선물 박스에서 무선 조종 자동차를 꺼내자. 무선 조정기는 일반적인 배터리로 운전되기 때문에 그냥 그대로 사용하는 것이 좋다.

무선 조종 자동차의 배터리 장착 부분은 나사로 고정되어 있기 때문에 작은 드라이버를 이용하여 나사를 풀어 배터리 장착 부분을 연다.

여러 가지 이유가 있겠지만 우선 다음 단계를 좀 더 쉽게 하기 위해 유연한 전선 대

그림 13-40 무선 조종 연료전지 자동차의 부품들.

신 좀 딱딱한 형태의 전선을 사용할 것을 추천한다. 딱딱한 전선을 사용하면, 전선을 원하는 모양대로 구부려 만들 수 있기 때문에 무선 조종 자동차의 바퀴가 전선에 닿지 않게 할 수 있다.

2개의 단자를 준비하되, 하나는 스프링으로 하여 음극이 되고, 나머지 하나는 평판으로 하여 양극이 되게 한다. 배터리가 장착된 극성과 방향은 분명하게 안쪽에 표

그림 13-41 무선 조종 자동차와 무선 조종기.

그림 13-42 무선 조종 자동차의 배터리 장착부(단자 표기 포함).

그림 13-43 배터리 장착부에서 뻗어 나온 전선들이 연결된 무선 조종 자동차 하부.

시해 놓아야 한다. 대신 이중 단자는 무시해도 된다. 이것은 배터리들끼리 접촉하게 끔 하기 위해 사용한 것이다. 전기가 배터리 사이에 정상적으로 흘러가는 경로는 하얀 점선으로 표시한다. 우리는 배터리 단자들을 '위에 올리는' 방식으로 연결할 것 이다. 만약 이 자동차를 이 프로젝트를 위해서만 사용한다면 배터리 단자를 영구 히 붙여도 상관 없다. 만약 전선들이 스테인레스강으로 만들어졌다면 납땜으로 전 선을 부착하기 어렵기 때문에 납땜과 유사한 역할을 하는 전도성 접착제를 사용해 야 한다. 단, 열을 필요로 하지 않는 접착제가 좋다. 열을 가하게 되면 굳을 때까지 시간이 많이 소요된다.

그림 13-44 동력 전달 전선이 연결된 무선 조종 자동차.

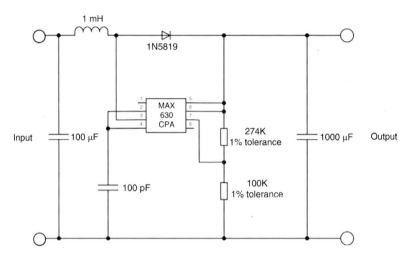

그림 13-45 DC-DC 컨버터 보드의 도면.

내가 발견한 가장 좋은 방법은 전선을 부착하기 위해 매우 작은 드라이버를 사용하여 배터리 단자를 조금 앞으로 움직이게 한 뒤 배터리 단자와 플라스틱 차체 사이에 딱딱한 전선을 하나 밀어 넣는 것이다. 그러면 타이트하게 맞춰질 것이고, 전선이 제대로 제자리에 위치하게 될 것이다.

일단 전기적 접촉을 성공적으로 마무리 했다면 전선이 배터리 덮개와 문 사이의 공간에 위치하게끔 한 후, 배터리 장착부분을 다시 닫고 나사 못을 조인다(최악의 경우는 전선이 어디로 나와 있는지 찾지 못하는 것인데, 이럴 경우에는 전선들이 제대로 빠져 나오게 하기 위해서 가느다란 바늘을 이용하여 홈을 하나하나 파면서 찾아야 한다).

힌트

이제부터는 전원 공급기를 이용하여 수시로 전기적 접촉이 잘 되어 있는지 확인해야 한다. 또한, 전기 극성이 제대로 연결되었는지 확인해야 한다. 그렇지 않다면 자동차의 전자 부품들이 모두 타 버릴 것이다. 모든 부품들이 조립될 때까지 기다리지 말고 중간중간에 전기적 접촉을 확인하는 것이 좋다.

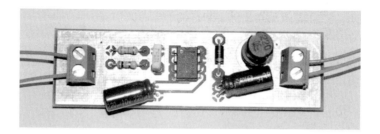

그림 13-46 Fuel Cell Store에서 구매한 DC-DC 컨버터 보드.

그런 다음 자동차를 올바르게 뒤집어 놓으면 그림 13-44처럼 보이게 된다. 이제 작은 자동차에 동력을 전달하기 위해서 앞서 언급한 DC-DC 컨버터를 이용한다. 귀찮고 성가신 일을 피하고 싶다면 이미 판매 중인 제품을 Fuel Cell Store에서 구매하면 된다. 하지만 여러분이 납땜으로 직접 만들고 싶다면 그림 13-45를 참고하여 만들 수도 있다.

전자 제품들을 다루는 데 소질이 있다면 DC-DC 컨버터 보드는 많은 개별부품들을 제거한 형태이므로 집적회로를 이용하여 제작하기가 쉬운 편이다.

여러분이 선택한 옵션이 무엇인가에 따라 도면이나 PCB 기판에서 명백하게 IN과 OUT이 표기된 것을 볼 수 있을 것이다. DC-DC 컨버터는 극성에 매우 민감하므로 모든 부품들을 제대로 연결하는 것에 주의해야 한다. OUT의 끝부분이 무선 조종

그림 13-47 양면 테이프로 플라스틱 플랫폼을 덮는다.

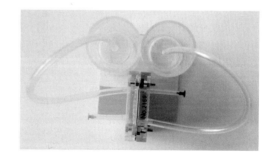

그림 13-48 수소 연료전지.

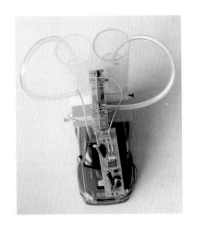

그림 13-49 완성된 무선 조종 연료전지 자동차(상부).

그림 13-50 완성된 무선 조종 연료전지 자동차(측면부).

자동차의 아래에서 나오는 전선과 연결되고 IN의 끝부분은 연료전지와 연결되어야
한다. 전문 매장에서 보드를 구매했다면, 단순히 나사 드라이버를 이용하여 각각의
단자 블록에 전선의 벗겨진 끝부분을 고정시키면 된다.

자동차의 지붕은 고속으로 운전할 때 공기 역학적으로 저항을 최소화하기 위해 유

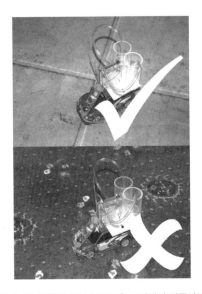

그림 13-51 카펫이 아닌 부드러운 표면에서 작동시키자.

선형으로 제작되어 있지만 이는 연료전지를 고정시키기에는 적합한 표면이 아니다. 따라서 가볍고 강한 재질인 홈이 파인 플라스틱을 사용하여 모든 부품을 고정시키는 플랫폼으로 사용하고자 한다. 우선 양면 테이프를 이용해 플랫폼 양쪽을 덮어 모든 부품을 고정시키기 좋은 접착력 있는 표면을 만든다. 양면 테이프의 유용함은 강력한 접착력으로 인해 여러분이 실험할 때 모든 부품을 고정하기에 충분한 기계적 버팀목 역할을 하지만 부품들과 무선 조종 자동차를 다음에 다시 사용하기 위해 분해할 때 특별한 손상 없이 손쉽게 분리할 수 있다는 것이다.

이제 작은 모터가 들어갈 동력실을 살펴 보자. 플라스틱 판에 붙어진 양면 테이프의 한쪽 커버를 제거하고 접착력 있는 표면에 수소 탱크, 산소 탱크, 그리고 연료전지를 고정시킨다. 이것은 사용된 부품들이 제자리에 고정되어 있을 수 있게 한다. 플라스틱 판의 반대쪽에 붙어 있는 양면 테이프의 커버를 제거하고 그 곳에 자동차의 지붕을 접착시킨다. 그런 다음 튜브를 이용해 연료전지와 연료 탱크를 연결한다. 이때 드릴이 필요할 수도 있다.

DC-DC 컨버터와 연료전지, 배터리 팩의 단자들을 모두 제대로 연결했다면 이것을 자동차에 고정시키는 방법에 대해 생각해야 할 차례이다. 양면 테이프는 상대적으로 사용하기 쉽고, 나중에 뭔가를 바꾸려고 해도 자동차 하부를 쉽게 손상시키지 않을 것이다. DC-DC 컨버터를 고정하기 위해서는 아주 단순한 방법으로, 글루건 접착제를 사용하여 고정시킬 수 있다.

그리고 어떤 바퀴에서 뻗어 나온 전선들도 서로 마주치지 않게 되어 있는 것을 확인해야 한다.

제작이 완료된 자동차를 그림 13-49와 13-50에 나타내었다. 이것은 자동차 디자인 경연대회에서 어떤 상도 받을 수 없는 상태이지만, 가장 친환경적인 기술을 접목한 자동차이다.

좀 더 진보된 자동차를 만들기 원한다면 구매 시 제품에 동봉된 자동차 부품들을 제거하고 직접 새로운 차체를 구성해야 한다. 그럼에도 이러한 구성은 미적인 부분만을 향상시킨 것이지, 자동차의 기능은 전적으로 동일하게 유지된다. 이러한 단계로 내려 가기로 결정한다면 메이저 자동차 제조사들이 겪는 동일한 문제들을 직면하게 될 것이다. 그것은 수소 저장 탱크를 고정하는 방법에 관한 것인데, 수소 저장 탱크가 상대적으로 부피가 크기 때문이다.

자동차가 완성되면 고분자전해질 연료전지가 언급된 7장에서 제시한 방법에 따라, 물의 전기분해에 의해 생산된 수소를 이용하여 연료전지를 충전한 후, 성공적인 자동차 주행을 위해 DC-DC 컨버터를 연결하도록 하자.

여러분의 자동차가 장애요인을 만났을 때 어떻게 반응하는지 보기 위해 장애요인을 설정할 필요도 있다. 예를 들어, 자동차가 주행하는 것만이 문제가 아니며, 수소나 산소 쪽에 압력이 차게 되어 자동차 지붕 위에 있는 연료 통으로부터 물이 넘치는 것을 막는 것도 문제가 될 수 있다.

여러분의 자동차가 매끄러운 표면에서 좀 더 나은 성능을 보인다는 것을 알 수 있을 것이다. 작은 무선 조종 자동차는 카펫과 같은 표면에서는 제대로 된 성능을 보이지 않는다. 여러분이 타일이나 코팅이 된 표면을 고집한다면 자동차의 충돌 때문에 흘린 물을 자주 닦아야 할 것이다.

● 연료전지 비행기

이제 땅 위에 있는 연료전지에서 하늘 위에 있는 연료전지로 주제를 돌려 보자. 우리는 미래에 사람들을 여기저기로 운송하는대 수소가 어떻게 사용될 것인가를 살펴 볼 것이다.

현재 항공산업은 예측할 수 없는 속도로 성장하고 있으며, 좀 더 싸고 좀 더 편안하게 비행하는 것이 가능해지고 있다. 50년 전에는 꿈이었던 일들이 사람들의 현실에서 실현되고 있다. 하지만 항공 여행은 고비용이 든다. 특히 연료 비용이 많이 든다. 비행기는 제트 엔진이 항공유를 연소시킴으로 인해 막대한 양의 이산화탄소를 생산한다. 따라서 석유의 미래를 따져 본다면 우리를 21세기로 끌고 갈 다른 대체 연료를 찾아야만 하는 것이다.

비행기에서 수소를 사용하는 것은 새로운 현상이 아니다. 러시아 항공기 제조 회사인 Tupolev는 소비에트연방 시절인 1988년에 3발 제트기의 비행을 성공하였다. 여기에 사용된 3발 제트 엔진 중 하나는 수소에 의해 작동되었고, 이때 필요한 수소는 저온으로 저장된 채 사용되었다. 그 비행기는 특별히 제작된 Tu154기였다.

수소는 무게 대비 수소가 가지는 막대한 에너지로 인해 항공기에 꼭 필요한 연료이다. 하지만 부피당 에너지 밀도가 낮기 때문에 향후에 수소로 구동되는 미래의 항공기는 현재의 항공기가 사용하는 연료탱크 보다 4배나 더 큰 연료탱크를 사용해야 할 것이다.

나사는 헬리오스(프로토타입의 무인비행기)를 비행시키기 위해 연료전지를 사용하였다. 그 비행물체는 지구 궤도를 돌고 있는 값비싼 무인 위성으로, 낮에는 큰 날개에 장착된 태양전지를 이용하여 태양 에너지를 직접 발전에 사용하여 비행하고, 남는 전기로 수소를 생산하게 된다. 태양이 가려진 밤이 되면 낮에 생산된 수소를 이용하여 직접 전기에너지를 생산한 후 비행기의 프로펠러를 구동하거나 비행을 유지하는데 사용한다.

그림 13-52 나사의 프로토타입 헬리오스. NASA의 양해 하에 게재.

웹사이트

여러분이 수소로 구동되는 항공기에 대한 좀 더 자세한 자료가 필요하다면 아래의 웹사이트를 방문해 볼 것을 추천한다.

- http://myweb.dal.ca/lssebazz/Renewable%20Energy%20Sources%20in%20Aviation1.pdf

- http://www.nasa.gov/centers/dryden/news/FactSheets/FS-068-DFRC.html

본 장의 나머지 후반부는 경비행기에 대해 좀 더 살펴 보고, 우주 공간으로 나가 보기로 한다.

PROJECT 37

수소를 이용한 우주여행! 수소 로켓 만들기

준비물

- 산화 마그네슘(IV)

- 아연 조각

- 4 M 염산

- 3% 과산화수소

- 비등관 2개(시험관과 유사함)

- 고무마개 2개

- 고분자전해질 전기분해기

- 전원

- 장갑

- 보안경

- 미세구멍이 있는 튜브

- 커다란 코르크 마개

- 종이클립

- 플라스틱 피펫

필요한 도구

- 테슬라 코일

- 송곳

여러분은 금속 조각과 산성 용액을 이용해 어떻게 수소를 제조하는지를 앞서 살펴본 바 있다. 본 실험에서는 산화마그네슘과 과산화수소를 이용하여 산소를 제조하고자 한다. 이러한 종류의 시약들을 주변에서 찾을 수 없다면 고분자전해질 전기분해기를 이용하여 수소와 산소를 만들어도 무방하다.

힌트

여러분이 테슬라 코일을 찾을 수 없다면, 고등학교나 대학교의 실험실 조교를 찾아가 상의해 보라. 또는, Bob Iannini가 집필한 Electronic Gadgets for the Evil Genius(McGraw-Hill, 2004)를 찾아보라. 이 책에 실험실에서 고전압 전기 스파크를 만들 수 있는 아이디어가 제시되어 있다.

적절한 뚜껑 만들기

우선 비등관에 맞는 고무 마개를 선택한 후 송곳이나 작은 드릴을 이용하여 작은 구멍을 만들고 그 작은 구멍을 통해 미세구멍이 있는 나일론 튜브를 집어 넣는다. 이 마개는 화학반응에 의해 생산된 가스를 모으는데 도움을 줄 것이다. 만약 고분자전해질 전기분해조를 이용한다면, 플라스틱 피펫의 입구에 튜브를 끼워 넣기 위해서는 일반적인 고무 튜브 끝에 미세구멍이 있는 튜브를 끼우고 주변을 에폭시로 막아야 할 것이다.

수소 만들기

깨끗한 비등관 안에 작은 아연 조각을 넣고 4M 농도의 염산을 첨가하면 튜브 안에
5 cm 정도의 유체가 찰 것이며, 곧 수소가 생산될 것이다. 위에 언급한 것과 유사한
마개를 사용하면 플라스틱 피펫 안에 있는 일부의 물을 밀어낼 수 있을 것이다.

산소 만들기

숟가락 끝을 이용하여 소량의 산화마그네슘(IV)을 덜어 비등관 안에 채운다. 그리
고 3% 과산화수소를 더한다. 그러면 튜브 바닥으로부터 5 cm 정도의 유체가 찰 것
이다. 짧은 길이의 튜브가 달린 마개로 비등관을 재빨리 막도록 하자. 그 후에 튜브
를 플라스틱 피펫 안에 넣는다.

발사대 만들기

수소 로켓을 발사하기 위해서는 작은 막대가 필요하다. 이를 위해서 종이 클립을 곧
게 펴고 큰 코르크 마개에 고정시킨다. 그리고 플라스틱 피펫을 위에 끼운다.

발사 준비

수소와 산소가 가득 채워진 2개의 비등관을 이용하여 작은 플라스틱 피펫의 반은
수소를 채우고 나머지 반은 산소를 채운다. 바닥에 2.5 cm 정도 물을 남겨 둔다. 이
것은 튜브 안쪽의 가스들이 새어나가지 않게 막고 상당한 추진력을 만들어내기 위
한 물질로서도 작용한다.

수소 로켓 발사

기체와 물이 만나는 플라스틱 피펫의 바닥 근처에 테슬라 코일의 불꽃을 갖다 댄

그림 13-53 피펫을 이용한 수소 로켓.

그림 13-54 Estes사의 수소 로켓 키트.

다. 불꽃이 몇 번 발생한 후 펑하는 소리가 날 것이고, 마치 일몰 속으로 솟구치듯 플라스틱 피펫이 종이클립에서 떨어져 날아갈 것이다. 멀리는 아니지만 방의 반대 쪽으로는 날아갈 것이다.

이상의 모든 것이 너무 어렵게 보인다면, 모형 로켓 제조사인 Estes가 판매하는 수소 로켓 키트를 구매하도록 하자. 이 제품에서는 수전해에 의해 생산된 수소가 발사대에서 수소 로켓이 발사되기 위해 사용된다. 이 책에서는 이미 만들어진 해결책을 제공하고 있으며, 여러분은 이제 과학을 이해할 수 있을 것이다.

여러분이 수소 로켓 외에 아마추어 로켓에 대한 좀 더 많은 것을 알고 싶다면 아래의 책을 참고해 보기를 권한다.

50 Model Rocket Projects for the Evil Genius, McGraw-Hill, 2004.

PROJECT 38

수소를 이용한 비행! 수소 연료전지 비행기 만들기

준비물

- 미니 고분자전해질 연료전지(Fuel Cell Store P/N: 531907)

- 작은 플라스틱 프로펠러

- 소형 모터

- 플라스틱 튜브

- 마일라 헬륨 풍선

필요한 도구

- 가정용 다리미

본 실험은 비행기를 만드는 것에 관한 것이기도 하지만 공기에 비해 상대적으로 밀도가 작은 수소의 특징에 대해 배울 수도 있다.

우리는 이 책에서 다룬 어떤 방법을 이용해서던지 밀봉된 가벼운 물질의 내부를 채우기 위해 수소를 생산할 수 있다. 또한, 수소로 채워진 헬륨 풍선을 구매할 수도 있다. 뿐만 아니라 가정용 다리미로 쉽게 밀봉이 가능한 마일라 봉투를 만들어 사용할 수도 있다. 풍선에서 뻗어 나온 튜브를 에폭시를 사용하여 미니 연료전지에

그림 13-55 표준 헬륨 풍선을 이용하여 집에서 충전되어 구동되는 비행기.

고정시킨다. 고분자전해질 연료전지에서 생산된 전기는 작은 전기모터를 구동시키고, 연달아 모형 장난감 프로펠러를 회전시켜 다소 불규칙할 수도 있지만 소형 비행기가 움직이게 된다.

수소가 전기 모터를 구동하면서 소비됨에 따라 소형 비행기의 고도는 낮아져, 결국은 짧은 비행만이 가능할 것이다. 하지만 언제나 고분자전해질 연료전지를 이용하여 더 많은 수소를 생산함으로써 비행기는 충전될 수 있다. 단, 비행기를 충전할 때는 비행기가 땅에 고정되어 있어서, 충전 도중에 공중에서 표류하지 않게 확인해야 한다.

헬륨 풍선은 작은 구멍과 노즐 삽입을 위한 한방향 밸브로 구성된다. 수소 공급 파이프를 연료전지에 고정시킬 때 파이프의 입구가 제대로 연결되어 수소가 새지 않게 해야 한다. 약간의 접착제를 바르면 연결 부위가 오래 유지될 수 있게 된다.

만약 프로펠러에서 충분한 추진력이 나오지 않는다면 모터의 극성을 바꿔 본 후 어떤 현상이 일어나는지 살펴본다.

연료전지, 모터, 프로펠러는 글루건이나 테이프를 이용해서 모든 풍선의 꼬리에 고정한다.

풍선의 밑바닥에 공작용 점토나 모형용 점토를 약간 붙이면, 수소로 인한 부력을 억제할 수 있다.

 주의

헬륨은 가연성이 없기 때문에 일반적으로 수소 대신 풍선에 채워지는 가스로 많이 선택된다. 만약 수소를 사용하면 조금 더 위험하긴 하지만, 좀 더 풍선을 높이 띄울 수 있다. 수소 풍선을 띄우고 싶다면 수소 풍선이 날아 가는 지역에 어떤 점화원도 없다는 것을 확인해야 할 것이다.

PROJECT 39

무선 조종 비행기 만들기

앞서의 마지막 실험을 좀 더 진행하고 싶다면, 무선으로 조정이 가능한 비행기를 제 작해 볼 수 있다. 비행기를 떠우는 원동력은 수소를 사용하여 만들고, 실제 모터는 무선 조종기 키트에 들어있는 배터리에 의해 구동될 것이다. 하지만 아마도 여러분 은 어떻게 DC-DC 컨버터를 적용하여 저전력을 생산하는 키트로부터 충분한 전력 을 만들어낼까에 대해 생각해 보아야 할 것이다. 일반적으로 이러한 키트들은 폭발 이 되지 않게 하는 안전성을 고려하여 헬륨으로 작동되도록 되어 있다. 이러한 소 형 비행선 키트에 수소를 사용하고자 한다면 무선 조종 비행기들이 날아갈 수 있 는 지역에 매우 조심을 기울여야 한다. 누구도 불덩어리가 날아가는 것을 보고 싶 어하지는 않을 것이다. 잘 보이지 않는 화염이나 점화원이 있을지도 모르는 지역에 서 반드시 멀리 떨어져 실험해야 한다.

 **웹사이트**

- www.johnjohn.co.uk/shop/html/model_radiocontrol_blimp.html

CHAPTER **14**

수소를 이용한
재미있는 실험들

PROJECT 40 : 수소를 이용한 라디오 전원

PROJECT 41 : 수소연료로 구동되는 아이팟

PROJECT 42 : 수소 버블 만들기

PROJECT 43 : 수소 풍선 폭발시키기

PROJECT 44 : 수소를 이용한 바베큐

FUEL CELL PROJECTS

본 장에서는 수소를 이용해서 할 수 있는 몇 가지 흥미로운 실험들을 다루고자 한다. 이러한 실험들은 수소가 실생활에 얼마나 흥미롭게 응용될 수 있는지 보여 줄 것이다. 또한 일상의 실용적인 목적에 적용되는 것만이 아니라, 우리가 응용할 수 있는 분야에 대한 좋은 예로서 제시되는 것이다. 이러한 기술의 개발에 탄력을 받게 된다면 조만간 이번 장의 아이디어 중 일부는 실생활에 이용될 수도 있을 것이다.

PROJECT 40

수소를 이용한 라디오 전원

준비물

- 100 μF 축전기

- 100 pF 축전기

- 1 mH 인덕터

- 1N5819 다이오드

- 274 K 저항(오차한계 1%)

- 100 K 저항(오차한계 1%)

- USB 소켓

- MAX 630 CPA 집적회로

무선 조종 연료전지 자동차 프로젝트에서 멋지게 사용되었던 DC-DC 컨버터의 또 다른 응용 예는 무엇이 있을까? 왜 음향기기에 전원을 공급하기 위해 연료전지를 사용하지 않을까? 상상해 보라. 여러분이 외딴 섬에 고립되어 있는데 연료전지 실험 키트와 태양전지 패널, 그리고 낡은 라디오가 있다면, 어둡거나 태양전지가 작동하지 않는 이른 새벽에도 여러분은 가장 좋아하는 음악을 들을 수 있다. 밤에도 사용하기 위해서 낮 시간 동안 생산된 에너지를 저장하는 수단으로 연료전지를 사용할 수 있다.

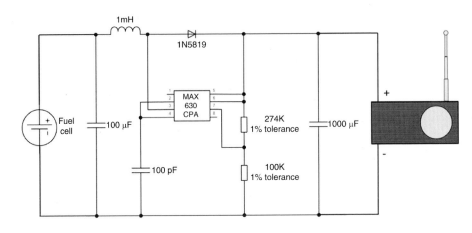

그림 14-1 수소로 구동되는 라디오의 회로도.

먼저 값싼 라디오를 준비한다. 라디오는 AA 또는 AAA 배터리 2개로 작동되며, 3 ~ 4.5 V의 전압 공급이 필요하다. 작고 최소한의 전력이 필요한 라디오를 이용하여 실험 한다면, 아주 소량의 수소만 있더라도 오랫동안 작동될 수 있다.

그림 14-1에 보여준 전기회로도는 아주 흔한 DC-DC 컨버터에 대한 것으로, 연료전지에서 발생된 저전압의 전기를 라디오 같은 전자기기를 작동시키기에 적합한 고전압으로 변환하기 위한 것이다.

라디오의 배터리 부분을 살펴 보고, DC-DC 컨버터에서 나온 전선들을 어디에 연결해야 하는지 확인해 본다. 배터리 부분의 회로를 자세히 살펴 보자. 일반적으로 회로가 배터리 팩에 연결된 1개의 배터리 단자를 덮고 있는 단일 금속판이 있고, 배터리 간의 연결을 이어주는 2개의 배터리 주변 단자를 덮고 있는 이중판이 있다. (+) 단자는 평판으로 되어 있고, (-) 단자는 스프링처럼 되어 있을 것이다.

값비싼 연료전지를 이용하여 라디오에 전원을 공급하는 것이 좀 어리석은 일인 것 처럼 보일지도 모르지만, 실제 전자제품 제조사들은 장시간 사용할 수 있는 차세대 전자기기를 제조하기 위해 연료전지를 고려하고 있다. 기존의 배터리 기술은 부피가 크고 무거우며, 오랜 시간 사용할 수 없다는 단점이 있다. 이러한 한계를 극복하기 위해 제조사들은 연료전지를 모바일 기기에 적용하여 연료인 수소나 메탄올을 포함하는 교환 가능한 연료 카트리지 채용 방식을 사용하려고 한다.

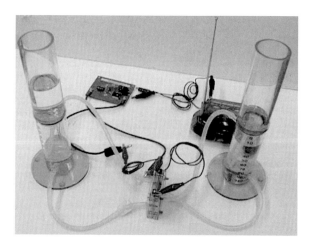

그림 14-2 수소로 구동되는 라디오를 연결한 사진.

 웹사이트

위 실험과 관련된 짧은 동영상을 아래 주소의 유튜브에 업로드 해 놓았다.

▪ www.youtube.com/watch?v=CRhM0ixrmRA

PROJECT 41

수소연료로 구동되는 아이팟

준비물

- 아이팟 셔플 또는 유사한 USB MP3 플레이어

- 수소

- 100 μF 축전기

- 100 pF 축전기

- 1 mH 인덕터

- 1N5819 다이오드

- 274 K 저항(오차한계 1%)

- 100 K 저항(오차한계 1%)

- USB 소켓

- MAX 630 CPA 집적회로

- 조립된 DC-DC 컨버터(Fuel Cell Store P/N:590709)

- Voller 수소 발생기(Fuel Cell Store P/N: 72035001)

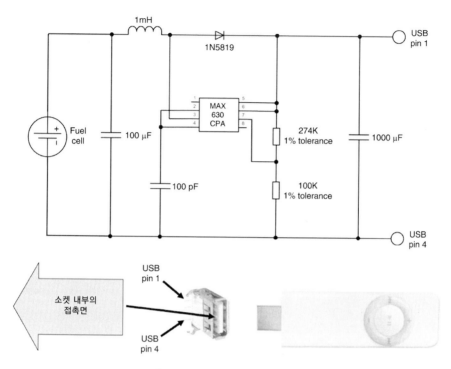

그림 14-3 수소로 구동되는 아이팟 그림.

본 프로젝트에서는 아주 흔한 DC-DC 컨버터를 이용하여 아이팟을 구동해 보기로 한다. 아이팟을 분해하여 품질보증을 무효화하기보다는 소켓이 연결된 USB를 이용하여 DC-DC 컨버터에서 나온 전선을 납땜하여 붙인다. 다른 전자기기처럼 아이팟역시 전기 극성에 매우 민감하므로 전선을 아이팟에 제대로 연결하도록 주의한다. 만약 전선을 제대로 연결하지 못했다면 결국 아이팟은 손상될 것이다.

본 프로젝트에서는 아이팟 셔플이 대용량 아이팟보다 싸고 더 적은 전기를 필요로하기 때문에 아이팟 셔플을 사용하기로 한다. 아이팟 셔플 외에 많은 다른 종류의 USB 타입의 MP3 플레이어가 있고 대부분 동일하게 작동되지만, 모든 전자기기들에 대해 소비전력에 대한 데이터를 얻기에는 불가능하다.

그림에 제시된대로 회로를 구성하거나, Fuel Cell Store에서 이미 조립된 PCB 기판

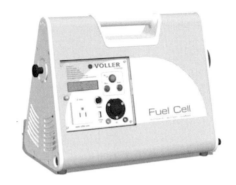

그림 14-4 Voller 수소 발생기.

을 구매해도 된다. 그리고 MP3 플레이어와 DC-DC 컨버터를 연결하기 위해 USB 소켓도 구매해야 한다. 그림 14-3을 보고 인버터와 소켓을 극성에 맞게 연결해야 한다. 그렇지 않으면 MP3 플레이어는 손상을 입을 것이다.

무선으로 휴대용 전자기기를 구동하기 위한 또 다른 선택은 그림 14-4에 나타낸 Voller 수소 발전기이다. 이것은 연료전지를 이용한 발전기로, 수소로 작동되며 110 V 또는 220 V 전압이나 12 V 자동차 액세서리 소켓 형태의 전기를 제공한다.

이 기술은 아직 상용화할 단계는 아니지만, 특정 분야에 대해서는 연료전지 기술 발전과 더불어 수년 내에 가격이 굉장히 많이 내려갈 것으로 기대된다.

많은 대형 전자제품 제조사들은 연료전지 기술을 그들의 전자기기에 직접 내포시키는 것에 대한 가능성을 조사하고 있다. 여러분은 수년 내로 노트북이나 PMP, 휴대폰을 배터리 충전기가 아닌 메탄올 카트리지에 연결하여 기존의 배터리 기술이 제공하는 것 이상으로 전자제품의 가동 시간을 늘릴 수 있을 것이다.

PROJECT 42

수소 버블 만들기

준비물

- 마개

- 길다란 유리 깔때기

- 가지 달린 삼각 플라스크

- 두 번 휘어진 유리관

- 산성 용액(예: 묽은 염산)

- 금속(예: 마그네슘 조각)

- 세제 또는 비누방울 용액

- 수조

그림 14-5에 나타낸 것처럼 수소를 생산하는 재미있는 실험을 하고자 한다. 수소를 상대적으로 빨리 생산하기 위해 금속-산 방법을 사용한다. 수소가 생산되어 수조에 담겨 있는 물을 통해 공급되기 때문에, 수소는 버블(거품) 형태로 만들어진 후 공기보다 가볍기 때문에 대기 중에 뜰 것이다. 이러한 수소 버블은 쉽게 점화될 수 있다. 이 실험은 수소가 공기보다 가볍다는 것을 보여주는 가장 쉽고 빠르고 재미있는 실험이다.

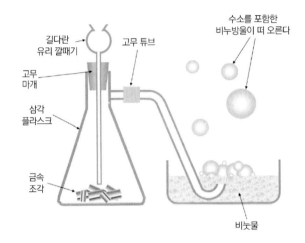

길다란
유리 깔때기

고무 튜브

수소를 포함한
비누방울이 떠 오른다

고무
마개

삼각
플라스크

금속
조각

비눗물

그림 14-5 수소 버블 만들기.

PROJECT 43

수소 풍선 폭발시키기

준비물

- 고무 풍선

- 성냥

- 수소와 산소를 만드는 방법(앞 장에 제시된 방법 중 선택)

폭발하는 수소 풍선을 공기 중으로 띄우는 것은 '화학양론' 과학을 배우는 아주 재미 있는 방법이다. 화학반응은 반응물들이 올바른 양만큼 존재할 때 가장 잘 반응한다는 것을 기억하라. 수소와 산소의 완전 연소의 생성물은 물(H_2O)이기 때문에 수소와 산소의 연소를 위한 이상적인 혼합비는 2:1이다.

여러분이 풍선에 채워야 할 가스의 대략적인 부피를 계산하기 위해 풍선의 지름을 직접 측정하고, 구의 부피를 계산하는 식을 이용해 보자.

만약 너무 많은 수소가 존재한다면 수소에 불이 붙을 때 주변의 공기로부터 산소가 공급되어야 한다. 그럴 경우 폭발음이 더 작게 발생할 것이다. 하지만 수소와 산소가 양론비대로 잘 혼합되어 있다면 꽤 큰 폭발음이 들릴 것이다.

본인의 이전 과학선생님이신 밥 스파리가 수소와 산소가 제대로 혼합된 풍선을 만들어 날렸을 때 학교 축구팀이 연습하고 있던 운동장까지 들릴 정도로 크고 긴 폭발음이 들려서 학생들이 깜짝 놀라 펄쩍 뛴 적이 있었다.

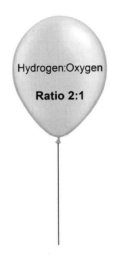

그림 14-6 폭발하는 수소 풍선.

만약 여러분이 귀가 좀 민감하다면 귀마개를 준비할 필요가 있을지도 모른다. 또한, 여러분이 풍선에 불을 붙일 때 최소한의 안전거리를 확보하는 것을 잊지 않도록 한다.

원격 폭발을 만드는 방법은 풍선에 로켓 점화기를 붙여 놓은 간단한 모델을 사용할 수도 있다. 로켓 점화 시스템에 대해 좀 더 많은 정보가 필요하다면, 나의 책 '50 Model Rocket Projects for the Evil Genius(McGraw Hill, 2006)'를 읽어 볼 것을 권한다.

의자에 편안히 앉아 수소 풍선이 폭발하는 것을 보고 싶다면 아래의 유튜브 동영상을 시청해 보도록 하자.

- www.youtube.com/watch?v=7UoFNdp0UYg

- www.youtube.com/watch?v=MMB2VR0087w

- www.youtube.com/watch?v=kknU6cpKWL0

PROJECT 44

수소를 이용한 바베큐

준비물

- Hydro-que(수소 바베큐, Fuel Cell Store P/N: 551005)

- 수소

의식 있는 환경주의자라면 여러분이 바베큐 파티를 하기 위해 그릴을 가지고 뒷마당으로 나갈 때 소시지는 타느냐 타지 않느냐가 중요한 것이 아니라 탄소배출을 가장 염려할 것이다.

정원에서 타고 있는 가스는 탄소 배출의 주된 원인이다. 파티오 난방기와 가스 그릴은 소중한 화석연료를 이용하여 필요 없는 것들로 낭비하기 때문에 환경주의자들의 적이 된다.

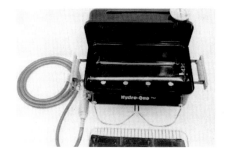

그림 14-7 Hydro-Que 수소 바베큐. Fuel Cell Store의 양해 하에 게재.

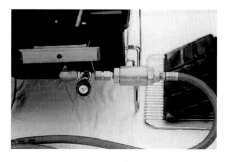

그림 14-8 조절 밸브와 스파크 방지 장치. Fuel Cell Store의 양해 하에 게재.

여러분이 나무를 태우게 되면 나무는 지속 가능한 에너지원으로부터 나온 것이어서, 나무가 자랄 때 흡수한 이산화탄소를 공기 중으로 다시 내뿜기만 하는 것이므로 크게 걱정할 필요는 없다. 다만 여러분이 탄소 배출을 전혀 하지 않기를 원한다면 수소 연료로 작동되는 바베큐를 이용해야 할 것이다.

Hydro-Que는 바베큐 그릴로서 특별히 수소 가스를 연료로 사용할 수 있게 개조한 것이다.

상용화된 대부분의 수소는 화석연료를 수증기 개질하여 생산된 것이므로 아직까지는 수소 바베큐가 가지는 환경에의 영향 축소 정도는 실제적이라기 보다는 상징적인 것에 불과하다. 하지만 우리는 수소가 깨끗한 재생에너지를 사용한 수전해에 의해 생산될 날을 고대하고 있다. Hydro-Que 수소 바베큐는 그림 14-7에 나타낸 것과 같다.

Hydro-Que 한쪽에는 가스 조절 밸브와 스파크 방지장치가 있다. 조절 밸브는 여러분이 얼마나 많은 수소를 태울지 조절할 수 있게 하고, 결과적으로 바베큐에 의해 얼마나 많은 열이 발생하는지를 조절할 수 있게 한다. 스파크 방지장치는 화염이 다시 파이프 안쪽으로 들어가서 연료 탱크나 수소화물 안에 있는 수소를 점화시키는 것을 방지한다.

자, 이제 바베큐로부터 모든 탄소 배출을 제거하였으니 고기를 구워 먹을 때 환경에 미치는 영향에 대해 걱정할 필요는 전혀 없다.

여러분이 서틀랜드 제도 근처에 있다면 PURE 에너지 센터를 확인해 보라. 그들은 일반 바베큐 장치를 수소로 운전할 수 있도록 멋지게 개조하였다. 그들의 연료전지와 소시지 굽는 소리를 확인해 보라.

그림 14-9 PURE 에너지 센터의 수소 바베큐.

CHAPTER 15

FUEL CELL PROJECTS

연료전지
경진대회들

여러분이 이 책에 있는 실험들을 좀 더 상세히 해보는 것에 관심이 있다면 젊은 과학영재들을 위한 많은 경진대회들이 있다. 경진대회는 여러분이 습득한 기술을 연마하고 개선시켜서 평가를 받아보는 가장 좋은 방법이다. 나는 이 책 전반에 걸쳐 여러분이 과학박람회를 위해 좀 더 발전시키고 싶어하는 여러 가지 실험들에 대해 제안한 바 있다. 이것은 수소 미래에 대한 여러분의 지식을 보여 주고, 여러분 주변의 사람들을 계도할 수 있는 좋은 방법이 될 것이다.

이 장에서는 과학영재 여러분이 앞으로 접근할 수 있는 모든 경진대회에 대해 상세히 설명할 것이지만 National Fuel Cell Association(해당 국가의 연료전지 협회)과 자주 연락하고 관심 있게 지켜 보는 것이 좋다. 수소와 연료전지 과학에 대한 인식이 증가하고 있기 때문에 새로운 경진대회들이 많이 생겨나게 될 것이다.

💬 고등학교 경진대회

🔹 국제 청소년 연료전지 경진대회(IYFCC)

국제 청소년 연료전지 경진대회는 지구상에 있는 모든 젊은 사람들에게 열려 있으며, 국가별로 경진대회에 참가할 3팀을 선발하게 되어 있다. 여러분과 가장 가까운 연료전지 협회와 접촉해보는 것이 가장 먼저 해야할 일이다. 본 책의 뒷부분에 일부 지역의 연료전지 협회의 주소를 정리해 놓았다.

경진대회는 15세에서 18세 사이의 학생들에게 자격 조건을 주며, 2명이 한 팀을 구성한다.

💬 국제 청소년 연료전지 경진대회(IYFCC) 연락처

- **Kay Larson:** 감독
  kay@iyfcc.com
- **Quinn Larson:** 학생 연락 및 여행
  Quinn@iyfcc.com
- **Bridget Shannon:** 스폰서 연락
  bridget@iyfcc.com
  전화: 303-237-3834
  팩스: 303-237-7810
  주소: PO Box 4038, Boulder, CO 80306

경진대회에 있어서 가장 중요한 점은 연료전지에 대한 여러분의 지식을 매우 다양한 수준에서 평가한다는 것이다. 경진대회는 우선 '퀴즈 볼' 형식의 이론을 평가하는 부문과 이 책에서 배웠던 내용을 적용할 수 있는 연료전지 자동차나 연료전지로 구동되는 시계를 실제 제작하는 것을 평가하는 부문으로 구성된다.

 웹사이트

국제청소년연료전지연합의 공식 웹사이트를 방문하여 좀 더 자세한 정보를 얻도록 한다.

- www.iyfcc.com

🔵 연료전지 자동차 – 생각해볼 것들

여러분은 자동차의 동력과 무게의 비를 생각해볼 필요가 있다. 공급된 연료전지에 의해 생산되는 동력은 고정되어 있으므로 바꿀 수 없다. 하지만 자동차를 가능한 한 가볍게 하는 것은 여러분이 할 수 있다. 그리고 자동차의 모터가 만드는 토크와

속도를 고려해보고, 모터로부터 사용할 수 있는 동력을 바퀴를 포함한 부하와 가능한 한 맞추도록 한다.

➡ 연료전지 시계 – 생각해볼 것들

고분자전해질 연료전지를 전기분해기로 사용하여 수소를 생산하고, 연료전지를 이용하여 수소와 산소로 전기를 만들었던 실험으로 되돌아가서 생각해 보자. 고정된 동력이 소비되거나 생산될 때, 여러분은 반응에 대해 무엇을 알았는가? 가스는 동일한 속도로 생산되는가? 아니면 생산속도가 변화하는가? 또한, 수소가 공기보다 가볍다는 물성을 고려해 보자. 일정한 양의 수소 기체들이 모이면 물리적 움직임을 유발할 수 있는가? 수소 운송을 다루었던 장에서 언급된 소형 비행선을 떠올려 보자. 주어진 무게를 들어올리기 위해 얼마나 많은 양의 수소가 필요한지 계산하는데 사용한 식을 생각해 보자. 연료전지에서 만들어지는 전기의 양을 생각해 보자. 그 전기로 물리적 움직임을 유발할 수 있는가? 필요한 양만큼 수소가 전기분해기에 의해 생산된다면, 연료전지에 수소를 어떻게 공급할 것인가?

➡ 자동차 경진대회 관련 Q&A

1. 자동차에 사용해야 하는 부품은 무엇인가?

여러분은 경진대회에서 제공하는 연료전지를 사용해야 하는데, 그것은 여러분이 연습용 키트에서 다뤘던 것보다 출력이 조금 더 클 것이다. 여러분은 경진대회에서 연습용 연료전지 키트를 새로운 연료전지로 바꿔야 한다. 우리는 여러분이 안전 검사대를 통과한 수하물로 연료전지를 보관할 것을 권장하며, 연료전지를 가지고 비행기에 탑승하지 않을 것을 추천한다. 모터는 경진대회 키트에서 제공된 것과 동일한 것이다. 경진대회에서 새로운 모터로 바꾸어도 되고, 경진대회 키트에서 제공된 것을 그대로 사용해도 무방하다. 그리고 연습용 키트에 포함된 다른 부품들을 사용해도 되지만, 반드시 그렇게 해야만 하는 것은 아니다.

2. 사용 금지된 물품은 무엇인가?

여러분은 수소화물이나 압축 수소저장 탱크를 사용할 수 없다. 그리고 제공된 것 외에 추가적인 연료전지나 모터를 사용할 수도 없다. 사용 부품에 대해 조금이라도 확실하지 않은 것이 있다면 케이 라슨에게 의심스러운 부품의 사용 여부를 꼭 확인해 보라(앞에 국제 청소년 연료전지 경진대회(IYFCC)의 연락처를 적어두었다).

3. 우리가 경진대회에 가지고 갈 수 있는 것들은 무엇인가?

여러분은 완전히 조립된 자동차를 가져올 수 있다. 하지만 연료전지는 새로운 것으로 교체해야 하기 때문에 경진대회에서 자동차를 일부 개조해야 할지도 모른다.

4. 우리가 자동차를 개조하기 위해 사용할 수 있는 것들은 무엇이 제공되는가?

여러분이 경진대회에서 사용할 수 있는 모든 도구와 재료들은 웹사이트에서 제공하고 있는 사진에 제시되어 있다. 각 팀들은 모든 재료와 도구를 사용할 수 있다. 여러분의 자동차는 완전히 조립된 것이기 때문에 어떤 도구나 재료가 필요하지 않을 수도 있다. 여러분이 자동차를 대폭 개조하거나 경진대회 장소에서 제공된 재료들을 이용해서 직접 자동차를 만들 수 있도록 모든 것들이 준비되어 있다.

5. 경진대회에서 자동차에 작업할 수 있는 시간은 얼마인가?

여러분에게는 8시간에 해당하는 하루가 할당될 것이다. 주어진 시간에 자동차나 시계를 만들거나 퀴즈 볼에 대해 공부하는 시간으로 원하는 대로 나누어서 사용할 수 있다.

➡ 시계 경진대회 관련 Q&A

1. 시계 경진대회에서 우리가 사용할 수 있는 부품들은 무엇인가?

경진대회에서 사용할 수 있는 유일한 부품은 경진대회에서 여러분이 받을 연료전지 뿐이다.

2. 다른 금지된 품목은 없는가?

여러분은 시계 장치 안에 들어 있는 어떤 부품도 사용할 수 없다. 경진대회의 목적은 수소의 생산이나 저장이 시간의 길이를 결정하는 중요한 요소가 되도록 하는 것이다.

3. 정확히 2분 안에 '뭔가가 일어난다'는 것은 무엇을 의미하는가?

2분 후에는 누구나 알 수 있고, 분명히 예견된 이벤트가 있을 것이다. 그것이 2분 안에 뭔가가 일어난다는 것이다. 2분 후에 뭔가가 진행되는 것이 멈추는 것일 수도 있다.

4. 우리가 연료전지를 경진대회 목적으로만 사용한다면 전기분해기 모드로 사용할 수 있는가?

그렇다. 연료전지를 경진대회에서 수소를 만드는 전기분해기로서 사용할 수도 있다.

5. 2분이 시작되기 전에 수소를 만들 수 있는가?

그렇다. 시간 측정이 시작되기 전에 시계를 준비하는데 10분을 사용할 수 있을 것이며, 이 시간을 수소를 생산하는데 사용해도 무방하다.

6. 오기 전에 시계를 어느 정도 만들어와도 되는가?

여러분은 완전히 조립된 시계를 가지고 와도 된다. 하지만 경진대회에서 시계의 연료전지를 새로운 연료전지로 교환해야 하는 것을 기억해야만 한다. 이 연료전지는 연습용 키트에 있는 것보다 더 큰 출력을 낼 것이다. 시계에 일부 개조를 할 준비도 해야 할 것이다.

7. 시계에 일부 개조를 하기 위해 제공되는 것들은 무엇인가?

여러분이 경진대회에서 사용할 수 있는 모든 재료와 도구들이 나와 있는 사진이 웹사이트에 게시되어 있다. 각 팀들은 모든 재료와 도구들을 사용할 수 있다. 여러분의 시계가 완전히 조립되어 있다면 어떤 도구나 재료가 필요 없을 수도 있다.

여러분이 시계를 대폭 개조하거나 경진대회 장소에서 제공한 재료들을 이용해서 직접 시계를 만들 수 있도록 모든 것들이 준비되어 있다.

8. 경진대회에서 시계에 작업할 수 있는 시간은 얼마인가?

여러분에게는 8시간에 해당하는 하루가 할당될 것이다. 주어진 시간을 자동차나 시계를 만들거나 퀴즈 볼에 대해 공부하는 시간으로 원하는 대로 나누어서 사용할 수 있다.

● 퀴즈 볼에 대한 규칙과 가이드라인

목적

국제 청소년 연료전지 경진대회 퀴즈 볼의 목적은 연료전지 기술에 대한 공부를 장려하여, 국제적 교육 표준으로 과학적 원리를 인정받고자 하는 것이다.

시합

경진대회는 예선 라운드와 결선 라운드로 구성되어 있으며, 결선 라운드에 진출할 팀들은 승자조 우승팀과 패자부활전을 통해 올라온 팀이 된다. 예선 라운드에서 상대하게 될 팀들은 무작위로 결정될 것이지만, 같은 나라에서 온 팀들이 예선 라운드에서 서로 상대하지 않도록 조를 짜게 된다. 예선 1차 라운드 후에는 같은 국가에서 온 팀들이 서로 맞붙을 수도 있다.

퀴즈 볼에 관한 규칙

1. 문제들은 토스업 문제와 보너스 문제 등 2가지 유형의 문제들이 제시될 것이며, 토스업 문제를 맞힌 팀에는 보너스 문제가 주어진다.

2. 토스업 문제에 대답할 기회는 팀당 1번씩만 주어진다.

3. 다지선택형 문제 및 단답형 문제가 주어질 것이다. 다지선택형 문제에 대한 정답

은 사회자가 읽은 것 중에서 골라야 한다.

4. 문제를 전부 읽고 난 후에는, 다시 읽어주지 않는다.

5. 토스업 문제에서는 버저를 먼저 누른 각 팀의 첫 번째 도전자가 정답을 말할 기회를 갖는다. 사회자가 문제에 대한 주제 범위(예, 물리학)를 말한 이후에만 버저를 누를 수 있다.

6. 문제에 대해 대답하기 전에, 사회자나 심판에 의해 구두로 반드시 대답할 기회를 얻어야 한다(시합 전에 누가 심판인지 알려줄 것이다). 만약 기회를 얻지 않았다면, 대답을 하지 않은 것으로 간주하거나 대답이 맞았는지 틀렸는지 사회자가 판단하지 않게 된다.

7. 토스업 문제에서는 서로 협의할 수 없다.

8. 대답할 기회를 얻지 않고 토스업 문제에 답하거나 팀원끼리 서로 상의했을 경우, 정답은 인정되지 않을 것이며(사회자는 문제에 대한 대답이 맞았는지 틀렸는지 판단하지 않을 것이다), 그 팀은 토스업 문제에 대해 대답할 권리를 잃게 된다. 그러면 그 질문은 상대팀에게 대답할 기회가 주어진다.

9. 토스업 문제에서는 첫 번째 대답만이 정답으로 인정된다. 하지만 학생이 글자 대답과 과학적 대답을 모두 한다면, 두 답이 모두 맞아야만 한다.

10. 토스업 문제에 대한 대답이 틀렸고, 문제를 모두 읽었다면 두 번째 팀은 제한시간 이내에 버저를 누르고 토스업 문제에 대답할 기회를 얻게 된다. 첫 번째 팀이 오답을 말했거나 대답할 기회를 얻지 않고 답을 말했다면 상대팀은 버저를 누를 수 있도록 10초의 시간을 할당받게 된다.

11. 보너스 문제에 대한 대답은 팀의 대표가 해야만 한다. 사회자는 보너스 문제에 대해 대표가 아닌 팀원이 대답을 할 경우 그 대답을 무시할 것이다.

시간 측정에 관한 규칙

12. 시합은 제한된 시간이 모두 경과하거나, 모든 토스업 문제가 제시될 때까지 계속된다. 지역 경진대회는 각 10분 간의 전반전과 후반전으로 진행되고 그 사이 2분 간 휴식시간이 있다. 전반전이나 후반전은 토스업 문제로 시작한다.

13. 모든 토스업 문제가 제시된 후에 사회자는 다음 토스업 문제가 제시될 때까지 두 팀에게 대답할 시간으로 10초를 할당한다. 시간 측정은 사회자가 토스업 문제 읽기를 마치면 바로 시작한다.

14. 토스업 문제를 듣고 버저를 누른 학생은 사회자나 심판에 의해 대답할 기회를 얻으면 즉시 문제에 대한 답을 말해야 한다. 사회자는 학생이 대답할 기회를 얻은 후 잠깐의 무응답(3초 정도)은 허용하지만, 무응답이 길어진다고 판단되면 그 팀은 그 문제에 대답할 기회를 잃고, 상대팀이 원한다면 기회를 넘겨 준다.

15. 팀원이 토스업 문제를 맞히면 그 팀은 보너스 문제에 대답할 기회를 얻는다. 그리고 보너스 문제에 대한 대답을 준비할 시간은 30초가 주어진다. 보너스 문제에 대해서는 팀원들간의 상의가 허용된다.

16. 보너스 문제를 풀 때, 제한시간 30초 중 25초가 경과되면 시간기록원이 '5초 남았다'는 신호를 보낼 것이다. 그리고 30초가 경과되면 시간기록원은 '그만'이라고 말할 것이다. 팀의 대표는 시간 기록원이 '그만'이라고 말하기 전에 문제에 대한 답을 말하기 시작하지 않는다면 정답으로 인정받을 수 없다. 제한시간 이전에 팀의 대표가 답을 말하기 시작했다면 하던 대답을 끝까지 마칠 수 있다.

점수 매기기

17. 토스업 문제는 4점이 부여되고, 보너스 문제는 10점이 부여된다.

18. 토스업 문제가 다 제시되기 전에 학생이 대답할 기회를 얻고 정답을 말한다면 그 팀은 4점을 받는다. 만약 대답이 틀렸다면 4점은 상대팀의 점수에 더해지고, 문제는 처음부터 다시 제시되며 상대팀은 토스업 문제를 맞힐 기회를 얻게 되

고, 만약 맞힌다면 보너스 문제도 맞힐 기회를 얻는다.

19. 중도 방해-토스업 문제가 다 제시되기 전에 학생이 대답할 기회를 얻었으나 오답을 말하게 되면 4점은 상대팀의 점수에 더해진다. 그리고 문제는 처음부터 다시 제시될 것이다. 하지만 상대팀의 학생이 또 문제가 다 제시되기 전에 대답할 기회를 얻어 오답을 말할 수도 있다. 그러면 4점은 다시 다른 팀의 점수에 더해진다. 이런 경우에 사회자는 문제에 대한 정답을 알려주고 다음 토스업 문제로 넘어간다.

20. 사회자의 부주의로 어떤 팀에도 대답할 기회를 주지 않고 토스업 문제의 정답을 말하게 되면 어떤 점수도 부여되지 않고 다음 토스업 문제로 넘어간다.

21. 토스업 문제가 다 제시되기 전에 대답할 기회를 얻지 않는 학생이 대답을 실수로 말하게 되면 정답으로 인정되지 않는다. 그 팀에게는 어떤 벌점도 주어지지는 않는다. 이때 사회자는 대답이 맞는지 틀렸는지에 대한 판정을 내리지 않고 상대팀에게 문제를 처음부터 다시 제시한다.

22. 사회자가(첫 번째 팀이 오답을 말하거나 대답할 기회를 얻지 않고 대답을 말한 후에) 두 번째 팀에게 대답할 기회를 주지 않고 무심결에 정답을 말하게 되면, 다음 토스업 문제는 두 번째 팀에게 먼저 제시된다.

점수 매기는 법 요약:

질문의 유형	부여 점수
토스업	+4점(보너스 문제 풀 기회 획득)
보너스	+10점
오답 제시	상대팀에 +4점
토스업 문제 제시 방해	상대팀에 +4점
대답할 기회를 얻지 않거나 토스업 문제 제시 방해	+0점
대답할 기회를 얻지 않고 대답	+0점

도전

23. 질문과 답변에 대한 도전은 모두 허용된다. 팀원들은 규칙이나 점수, 프로토콜 이슈에 대해 도전할 수 있다. 도전은 실제 경쟁에 참여한 팀원들만 할 수 있다. 코치나 후보 혹은 청중 속의 누구도 도전할 수는 없다. 모든 도전은 다음 문제가 시작하기 전에 해야 한다. 사회자와 심판은 시합 중에 답변에 대해 상의할 수 있으며, 심판에 의해 결정이 내려지게 되면 이는 최종적인 것이다.

24. 경진대회 도중 의문이 생기면, 그 의문이 풀리기 전까지 경진대회와 시계가 멈출 것이다. 의문이 풀리고 나면 시합은 계속 진행된다. 사회자가 의문을 푸는 과정에 시간이 너무 소용되었다고 판단하면 사회자는 적절한 시간만큼 시계를 다시 뒤로 되돌릴 수 있다.

제한시간이 경과하면

25. 문제가 모두 제시되었지만 어떤 팀도 버저를 누르지 않으면 게임(또는 전반전)은 끝난다.

26. 문제가 모두 제시되면, 학생은 버저를 눌러 대답할 기회를 얻고 정답을 말하게 되면 그 팀은 보너스 문제에 답변할 기회를 갖는다. 그러면 게임(또는 전반전)은 끝난다.

27. 문제가 모두 제시되고 학생이 버저를 눌러 대답할 기회를 얻었으나 오답을 말하거나 대답할 기회를 얻지 않고 정답을 말하게 되더라도 게임(또는 전반전)은 끝난다.

28. 문제가 모두 제시되고 학생이 버저를 눌렀으나 대답할 기회를 얻기 전에 '그만'이라는 소리가 들린다면 사회자나 심판은 그 학생에게 대답할 기회를 줄 수 있다. 만약 그 학생이 정답을 말하면 그 팀은 보너스 문제에 답변할 기회를 갖는다. 만약 오답을 말하거나 대답할 기회를 얻기 전에 답변하게 되면 게임(또는 전반전)은 끝난다.

제한시간 내에 문제가 완전히 제시 되지 못했을 때

29. 사회자가 문제를 완전히 제시하지 못했고 어떤 팀도 버저를 누르지 않았다면 게임(또는 전반전)은 끝난다.

30. '그만'이라는 소리가 들리기 전이지만 문제가 모두 제시되기 전에 버저를 누르고 대답할 기회를 얻고 정답을 말한다면 그 팀은 보너스 문제에 대답할 기회를 갖는다. 그런 후 게임(또는 전반전)은 끝난다.

31. '그만'이라는 소리가 들리기 전이지만 문제가 모두 제시되기 전에 버저를 누르고 대답할 기회를 얻었으나 오답을 말한다면 그 팀은 벌점을 부여 받고, 문제는 상대팀에게 다시 제시되며 토스업 문제를 맞히면 보너스 문제에 대답할 기회도 가진다. 그런 후 게임(또는 전반전)은 끝난다.

32. '그만'이라는 소리가 들리기 전에 팀원이 버저를 누르고 대답할 기회를 얻지 않고 실수로 대답을 말하면, 정답은 인정되지 않고 어떤 벌점도 부여되지 않는다. 하지만 그 문제는 상대팀에게 다시 제시될 것이고 만약 그 문제를 맞힌다면 보너스 문제에 대답할 기회도 갖는다. 그런 후 게임(또는 전반전)은 끝난다.

결선 라운드에 들어가기 위한 규칙

33. 각각의 그룹에서 정해진 수의 팀이 명확히 가려지지 않을 경우 아래의 순서에 따라 연장전을 실시한다(아래의 해결책은 토너먼트나 패자부활전에 나갈 마지막 자리를 놓고 동점인 팀들에 한해서만 필요한 것이다).

    a) 동점을 기록한 팀들간의 승부 여부

    b) 더 적은 패배를 기록한 팀

    c) 두 팀이 여전히 동률이라면, 5개의 토스업 문제로 결승전을 치른다. 문제 제시 중도 방해에 대한 벌점은 여전히 존재한다. 이 방식에서는 보너스 문제는 포함되지 않는다. 그런 후에도 여전히 동률이라면, 승자가 나올 때까지 5개의 토스업 문제로 결승전을 다시 치른다.

d) 세 팀 이상이 동률이라면, 각 팀은 독립된 공간에서 보너스 문제 없이 10개의 토스업 문제를 풀게 한다. 문제가 모두 제시된 후 통상적인 10초가 버저를 누르기 위한 시간으로 주어진다. 문제 중간에 끼어들어도 벌점은 없으나 10문제가 모두 제시되기 전에 중간에 끼어들 이유는 없을 것이다. 점수는 맞힌 문제의 수에서 틀린 문제의 수를 빼는 것으로 매긴다. 두 팀 혹은 그 이상의 팀이 여전히 동률이면 c), d)에 제시된 절차를 상위팀이 나올 때까지 반복한다.

토너먼트 또는 패자부활전 종결을 위한 규칙

34. 제한된 시간이 모두 경과한 후에도 토너먼트 또는 패자부활전에서 여전히 점수가 동률인 팀이 있다면, 승패를 가리기 위해 5개의 토스업 문제를 풀도록 한다. 문제 제시 중도 방해에 대한 벌점은 여전히 존재한다. 앞서의 규칙 33번에서 설명한 대로의 라운드로빈(리그전) 방식을 진행하면 결국 동률을 없앨 수 있을 것이다.

퀴즈 볼에 대한 다양한 규칙

35. 관중 중 어떤 사람도 시합 도중 참가자들과 의사소통할 수 없다. 의사소통을 한다면 경고가 주어질 것이고, 문제가 계속된다면 경진대회장에서 쫓겨나게 될 것이다.

36. 관중 중 한 사람이 정답을 외치게 되면 그 문제는 무효로 처리되며(방해한 관중은 쫓겨남) 사회자는 다음 문제를 진행한다.

37. 각 시합 전, 두 팀의 코치들은 서로를 상대에게 소개하고 경진대회장 뒤쪽 줄에 함께 앉는다.

38. 경진대회장에는 어떤 노트도 가져와서는 안 되며, 시간이 시작되기 전에는 어떤 것도 기록할 수 없다. 메모지는 시합 전에 제공될 것이며 하프타임과 시합 종료 후 제출해야 한다.

39. 계산기는 사용할 수 없다.

40. 코치를 포함해서 관중석에 있는 사람들은 시합 도중에 사회자가 읽는 질문이나 대답을 받아 적을 수 없고, 디지털 카메라를 포함하여 어떤 전자 기록장치나 전송장치를 사용할 수 없다. 지역예선에서는 코치들에게 팀 점수 기록지를 나누어 주어 그들 팀의 학생 개개인이 대답한 문제의 수를 표기하게 한다. 경진대회장에 있는 어떤 사람도 경진대회 도중 어떤 종류의 기록도 할 수 없다. 만약 이런 일이 발생한다면 그 사람은 경진대회장을 떠나도록 요구될 것이다

▬ 학생 수소 디자인 대회

학생 수소 디자인 대회는 매년 개최되는 경진대회로, 학생들이 연료전지 기술에 대해 알고 있는 지식과 그 지식을 디자인에 어떻게 적용하느냐를 겨루는 것이다. 이 대회는 수소와 연료전지를 이용하는 실제적인 응용분야에 초점을 맞춘다.

 웹사이트

좀 더 상세한 정보는 아래 웹사이트에서 찾을 수 있다.

- www.hydrogencontest.org

대회 규칙은 매년 변경되고 다양한 도전들이 매년 정해진다.

● 미국 에너지성 주관의 국가 과학퀴즈 볼

미국 에너지성이 주관하는 국가 과학퀴즈 볼 행사는 마지막에 '수소 연료전지 모델 자동차 챌린지'를 개최한다. 만약 여기에 관심이 있다면, 여러분은 이 책에서 수소 운송을 다룬 부분에서 배운 원리들을 적용할 수 있을 것이다.

 웹사이트

미국 에너지성 주관의 국가 과학퀴즈 볼 행사에 관한 좀 더 상세한 정보는 아래 웹사이트에서 찾을 수 있다.

- www.scied.science.doe.gov/nsb/index.html

● 연료전지 상자(독일)

연료전지 기술에 대한 인식을 높이기 위해 학생들을 대상으로 개최되는 독일의 지역 경진대회로는 '연료전지 상자'가 있는데, 여러분이 관심을 가질만하다. 좀 더 상세한 정보는 www.fuelcellbox.de(독일어)에서 확인할 수 있다.

FUEL CELL PROJECTS

APPENDIX

APPENDIX A : 수소에 대해 당신이 알고 싶은 모든 것
APPENDIX B : 연료전지 약어
APPENDIX C : 연료전지 협회들

💬 APPENDIX A : 수소에 대해 당신이 알고 싶은 모든 것

화학적 성질	비금속
그룹	1주기
전자 배치	$1s^1$
껍질당 전자 수	1
외관	무색

기체* [m^3]	액체 [L]	무게 [kg]
1	1.163	0.0898
0.856	1	0.0709
12.126	14.104	1

*m^3 at 981 mbar and 15℃

물성	수치
밀도	0.08988 kg/nm^3
고위발열량	12.745 MJ/nm^3
저위발열량	10.783 MJ/nm^3
발화에너지	0.02 MJ
발화온도	520 ℃
저위발화수준	(공기 중 가스 농도) 4.1 부피%
고위발화수준	(공기 중 가스 농도) 72.5 부피%
화염속도	2.7 m/s
녹는점	14.01 K(−259.14℃, −434.45℉)
끓는점	20.28 K(−252.87℃, −423.17℉)
삼중점	13.8033 K, 7.042 kPa
임계점	32.97 K, 1.293 MPa

물성	수치
승화열(H₂)	0.117 kJ mol⁻¹
기화열(H₂)	0.904 kJ mol⁻¹
열용량(25℃)(H₂)	28.836 J mol⁻¹ K⁻¹
열전도도(300 K)	180.5 mW m⁻¹ K⁻¹
소리의 속도	1310 m/s(27℃ 기체상태)
CAS등록번호	1333-74-0(H₂)
결정구조	육방정계
산화상태	1, -1
전기음성도	2.20(폴링 스케일)
일차 이온화 에너지	1312.0 kJ/mol⁻¹
원자 반지름	25 pm
계산된 원자 반지름	53 pm(보어 반지름)
공유결합 반지름	37 pm
반데르발스 반지름	120 pm

다른 연료와 수소의 비교

	수소	휘발유	경유	천연가스	메탄올
밀도[kg/L]	0.0000898	0.702	0.855	0.00071	0.799
밀도[kg/m³]	0.0898	702	855	0.71	799
에너지밀도[MJ/kg]	120	42.7	41.9	50.4	19.9
에너지밀도[MJ/l]	0.01006	31.2	36.5	0.00361	15.9
에너지밀도[MJ/m³]	10783	31200	36500	36.1	18000
에너지밀도[kWh/kg]	33.3	11.86	11.64	14	5.53
에너지밀도[kWh/m³]	2.79	8666.67	10138.88	10.02	4420

모든 수치는 상압상온 조건에서의 저위발열량이다.

💬 APPENDIX B : 연료전지 약어

연료전지 세상에서는 명칭을 줄여서 사용하는 것을 좋아한다. 여러분은 아래 약어들 중 일부는 이 책에서 본 적이 있을 것인데, 나머지는 연료전지와 그 응용분야를 다루는 다른 책들이나 대화에서 접해볼 수 있다. 이러한 유용한 가이드는 3문자 약어들을 풀어서 이해하는데 도움을 줄 것이다.

AFC	알칼리 연료전지	ICE	내연기관
AFV	대체연료 자동차	LPG	액화석유가스
BEV	배터리 전기자동차	MCFC	용융 탄산염 연료전지
CH_3OH	메탄올	MEA	막전극접합체
CH_3CH_2OH	에탄올	MeOH	메탄올
CHP	열병합발전	$NaBH_4$	수소화붕소나트륨
CNG	압축천연가스	NOx	질소산화물
CO	일산화탄소	O_2	산소
CO_2	이산화탄소	PAFC	인산형 연료전지
DMFC	직접 메탄올 연료전지	PEFC	고분자전해질 연료전지
FC	연료전지	PEM	수소이온교환막 또는
FCEV	연료전지 전기자동차		고분자전해질 막
GDE	기체확산전극	Pd	팔라듐
GDM	기체확산매체	Pt	백금
GHG	온실가스	SOFC	고체 산화물 연료전지
H_2	수소	URFC	일체화된 재생 연료전지
HC	탄화수소		

💬 APPENDIX C : 연료전지 협회들

여러분이 어떤 고등학교나 대학교들이 연료전지 교육과정을 운영하는지 찾고 싶다면, 또는 이 분야에 관심이 있고 관련 회사를 찾고 있다면, 또는 단순히 수소와 관련해 어떤 일이 일어나고 있는지 관심이 있다면, 지역의 수소나 연료전지 협회에 연락해 보도록 하자. 협회의 관계자들은 여러분이 관심 있는 수소와 연료전지에 대해 더 많은 정보를 기꺼이 알려줄 것이다.

➡ 유럽

■ 유럽 수소 협회

Gulledelle 98

1200 Bruxelles

벨기에

전 화 : +32-2-763-2561

팩 스 : +32-2-772-5044

이메일 : info@h2euro.org

www.h2euro.org

■ 프랑스 수소 협회

28, rue Saint-Dominique

75007 Paris

프랑스

전 화 : +33-1-5359-0211

팩 스 : +33-1-4555-4033

이메일 : info@afh2.org

www.afh2.org

■ 유럽 연료전지

World Fuel Cell Council e.V.

Frankfurter Strasse 10-14

D-65760 Eschborn

독일

www.fuelcelleurope.org

■ 영국 연료전지

Synnogy Ltd

1 Aldwincle Road

Thorpe Waterville

Northants NN14 3ED

전 화 : +44-(0)-1832-720007

이메일 : info@fuelcellsuk.org

www.fuelcellsuk.org

■ 독일 연료전지 협회

Unter den Eichen 87

12205 Berlin

독일

전　화 : +49-700-49376-835

팩　스 : +49-700-49376-329

이메일 : h2@dwv-info.de

■ 노르웨이 수소포럼

Radix.ife.no/nhf/

■ 폴란드 수소연료전지 협회

Polskie Stowarzyszenie Wodoru i

Ogniw Paliwowych

이메일 : molenda@uci.agh.edu.pl 또는

hydrogen@agh.edu.pl

www.hydrogen.edu.pl

■ 스코틀랜드 수소연료전지 협회

Brunel Building

James Watt Avenue

Scottish Enterprise Technology Park

East Kilbride

G75 0QD

스코틀랜드

전　화 : +44-7949-965-908

www.shfca.org.uk

■ 스페인 수소 협회

Issac Newton 1

PTM. Tres Cantos

28760 Madrid

스페인

CIF : G-83319731

전　화 : +34-654-80-20-50

팩　스 : +34-91-771-0854

이메일 : info@aeh2.org 또는

aeh.web@ariema.com

aeh2.org/en/index/htm

➡ 미주

■ 미국 수소 협회

2350 W. Shangri La

Phoenix, AZ 85028

전　화 : +1-602-328-4238

■ 텍사스 연료전지

Good Company Associates Inc.

816 Congress Avenue, Ste. 1400

Austin, TX 78701

전　화 : +1-512-279-0750

팩　스 : +1-512-279-0760

www.fuelcelltexas.org/

■ 캐나다 수소연료전지

4250 Wesbrook Mall

Vancouver, B.C. V6T 1W5

전　화 : +1-604-822-9178

팩　스 : +1-604-822-8106

이메일 : admin@h2fcc.ca

■ 미국 수소 협회

메인 사무실

1800 M St NW, Suite 300 North

Washington, DC 20036-5802

미국

전　화 : +1-202-223-5547

팩　스 : +1-202-223-5537

서부 사무실

35 Seacape Drive

Sausalito, CA 94965

전　화 : +1-415-381-7225

팩　스 : +1-415-381-7234

이메일 : infoWestUS@ttcorp.com

www.hydrogenassociation.org

■ 노스케롤라이나 지속 가능 에너지 협회

NCSEA

PO Box 6465

Raleigh, NC 27628-6465

전　화 : +1-919-832-7601

이메일 : ncsea@mindspring.com

www.ncsustainableenergy.org/

● 아시아

■ 중국 수소에너지 협회

Room 710

No. 86 Xueyuan Nanlu

Beijing

100081

중국

전　화 : +86-10-6218-0145

팩　스 : +86-10-6218-0142

● 오세아니아

■ 호주 수소협회

13 Mount Huon CCT

Glen Alpine

Campbelltown

New South Wales 2560

호주

전　화 : +61-2-9603-7967

팩　스 : +61-2-9603-8861

www.hydrogen.org.au/nhaa

💬 맺는말

미래에 연료전지는 어떻게 사용될 것인가? 나는 왜 여러분에게 동일한 질문을 물어 보지 않을까? 여러분은 이 책을 손에 들고 있고 엄청난 아이디어와 연료전지 장비 들을 충분히 가지고 있는 유일한 사람들이다. 이를 이용하여 다음 세대에게도 지속 가능한 강력한 전자 장치들을 발명하도록 노력해 보도록 하자.

연료전지는 부인할 수 없을 정도로 이미 세상을 바꾸는데 기여하고 있다. 연료전지 는 우주선에 전기를 공급하고 우주인들에게 마실 물을 제공하는 등 우리가 우주의 신비를 정복하기 위해 하고 있는 탐험에 크게 기여하고 있다. 또한, 연료전지는 우리 가 해양을 정복하고자 할 때 잠수함이 일주일 이상 물 속에 머무를 수 있게 하는데 에도 큰 기여를 하고 있다.

기술을 활용할 수 있는 더 많은 응용분야를 찾고 있으며, 다음 도전은 화석연료에 대한 우리의 중독을 없애 버리는 것이다. 화석연료의 사용은 지난 수 세기 동안 우 리가 습득한 아주 나쁜 습관이다. 또한, 화석연료는 매장량이 한정되어 있으므로 우리는 빨리 화석연료에 대한 의존도를 낮추어야 할 것이다. 그렇지 않으면 환경 파 괴, 광화학적 스모그 발생, 기후 변화에 대한 위협 등 석탄과 석유에 중독되어 발생 하게 되는 끔찍한 부작용에 직면하게 될 것이다.

연료전지는 화석연료가 아니라 수소에 근간을 두기 때문에 녹색기술로의 전환을 용이하게 하고, 전력과 에너지를 생산하기 새로운 모델을 제시함으로 더 깨끗한 경 제사회를 이룩하게 할 것이다. 연료전지 기술은 소비자들에게 전력의 족쇄를 풀어 주고 중앙난방(대부분의 에너지가 열로 낭비된다)의 비효율성 대신 분산된 에너지 생산을 가능하게 한다. 이것은 에너지 변환 공정에서 생산된 열이 한 순간에 연기 로 변해 대기로 날아가는 것 대신에, 이를 활용하여 집의 난방이나 수영장의 물을 데우는 데 사용하여 에너지 효율을 높이게 한다.

또한, 연료전지는 우리의 에너지 포트폴리오 중에서 신재생에너지가 차지하는 부분을 증가시킬 것이다. 햇볕이 비칠 때 태양전지가 전기를 생산하고 바람이 불 때 풍력에 의해 전기가 생산되는데, 그것이 생산되지만 사용되지 않을 때 잉여 전력을 저장할 방법이 필요하다. 연료전지는 과잉의 전기가 생산되었을 때 여분의 에너지를 저장하는 것을 가능하게 해 준다. 즉, 여분의 전기를 수소로 저장하여 나중에 운송수단의 연료로 사용하게 하거나 직접 전기를 생산하게 할 수 있다.

영국 셔틀랜드 제도에 있는 PURE 에너지 센터와 웨스트 비이컨 팜에 있는 HARI 프로젝트에서 과학자들은 여러분이 이 책을 통해 알게 된 것과 마찬가지로, 그들의 에너지 요구를 충족하기 위해 신재생에너지로부터 생산된 수소를 어떻게 이용하는지를 실험을 통해 연구하고 있다.

기술은 매일 발전하고 있으며, 연료전지를 시장에 널리 보급하고자 노력하는 과학자, 공학자, 기술자, 그리고 제품 디자이너 등의 모든 사람들은 이러한 과정이 탄력을 받을 수 있게끔 일조를 하고 있다.

수소에 대한 미래는 밝다. PURE 에너지 센터와 Fuel Cell Scotland와 더불어 Hjaltland 주택협회는 더 이상 전력망의 연결이 필요 없는 세계 최초의 연료전지 주택에 대한 계획들을 발표하였다. 그 주택은 마당에 전기를 생산할 수 있는 풍력 터빈을 갖추고 있어서 이렇게 생산된 전기로 수소를 생산하여 가정에 필요한 에너지원으

Hjaltland 주택협회의 연료전지 주택의 건축설계. PURE 에너지 센터의 양해 하에 게재.

로 사용하고 있다.

이러한 개발은 지구상의 깨끗한 가정에 대한 청사진을 제공하고 있으며, 곧 여러분 근처에도 다가갈 것이다.

여러분은 사람들이 연료전지가 너무 비싸기 때문에 절대 구매할 여유가 없다고 말하려고 하는 것을 그냥 내버려 두지 말자. 몇 년 전에 여러분의 아버지가 대형 텔레비전을 사려고 했는데 가격 때문에 그렇지 못했다는 것을 기억하자. 하지만 여러분의 아버지는 지난 주에 예전 가격의 1/3에 해당하는 값으로 대형 텔레비전을 구매했다. 몇 해 전 크리스마스에는 게임 콘솔이 아주 높은 가격이었으나 지금은 가격이 많이 떨어져서 충분히 구매할 만하다. 이것은 엔지니어들이 좀 더 폭넓은 시장성을 확보하기 위해서 기술 개발을 통해 가격을 하락시키기 위해 끊임없이 노력하기 때문이다. 50년 전에는 세상에서 가장 큰 회사조차 컴퓨터를 한 대씩 갖는다는 것은 상상하기 힘든 일이었다. 오늘날 컴퓨터는 모든 직장인들의 책상 위에 한 대씩 놓여 있으며, 심지어 어린이 한 명당 노트북 한 대씩을 가지고 있기도 하다. 이와 같은 기술들은 여전히 세상을 바꿀 여력이 있으며, 같은 일들이 연료전지에도 일어날 것이다. 문제는 극복이 될 것이며, 더 나은 제품을 더 싸게 만드는 기술이 발견되고, 제품들은 더 흔하게 볼 수 있게 될 것이다.

자, 잘 살펴보자. 연료전지가 여러분의 집 근처에까지 이미 왔을지도 모른다. 사실 연료전지는 이미 우리 근처에 와 있다!